교과서 밖에서 배우는
재미있는 물리상식

교과서 밖에서 배우는
재미있는 물리상식

송은영 지음

도서
출판 맑은창

머리말

물리는 우리에게 상반된 느낌 두 가지를 동시에 준다.

우선 물리라는 말을 언뜻 보거나 듣노라면, 다가서기가 몹시 주저해진다. '물리는 어렵다' 라는 생각이 뇌리에 강하게 각인돼 있는 탓이다.

그러나 그럼에도 불구하고, 다른 한편으론 흥미로운 뭔가가 있을 듯한 강한 이미지를 풍기고 있는 것이 또한 물리이다. 그래서 골치 아픈 수식이 가득한 물리학 교과서는 거들떠 보지 않으려고 해도, 쉬운 설명으로 물리 현상을 술술 풀어낸 책에는 그래도 우리의 손길이 닿는 게 아닌가 싶다.

그렇다. 우리는 물리를 철두철미하게 외면하는 게 아니다. 가까이 다가서기가 어렵게, 그리고 높고 두텁게 쌓아 놓은 장벽이 물리와 우리 사이의 거리를 단지 멀게 할 뿐인 것이다.

지은이가 이 책을 쓴 이유도 바로 여기에 있다. 그러니까 자연의 신비로운 베일에 가려져 있는 아름다운 현상을 올바르게 풀어내는 것이 물리학이 지양하는 궁극적인 목표인데, 그러함에 한껏 다가서려는 우리의 발길을 애초부터 끊어 놓는 딱딱하고 안쓰러운 현실을 약간이나마 바꿔 보자는데 이 책을 쓴 목적이 있는 것이다.

그러지면 무턱대고 깊이 있는 내용을 파고들기보다는 우리가 상식적으로 알게 모르게 당연하다는 듯이 받아들이고 있는 자연 현상에 교묘하게 스미어 있는 비밀부터 하나 둘씩 차근차근 파헤쳐 나가는 것이 순서일 듯싶다.

이러한 의도는 이보다 몇 개월 앞서 내놓은 《교과서 밖에서 배우는 재미 있는 수학 상식》에서도 표현한 바 그대로이다.

이 책을 통해 독자 여러분이 자연 현상에 숨어 있는 물리학적 비밀을 새로이 그리고 보다 많이 파악했다거나, 물리학을 바라보는 기존의 딱딱했던 태도가 다소 누그러지는 기회를 맛보았다는 소리가 들려온다면, 지은이로서는 그보다 더 큰 기쁨과 보람은 없을 터이다.

나에게 정겹고 따스한 사랑을 한결같이 보내주고 있는 고마운 분들과 이 책이 나오는 기쁨을 즐거이 나누고 싶다.

2001년 12월 일산에서
송은영

차 례

1 장 곳곳에 스미어 있는 물리 1

마녀 사냥 / 자유낙하 · **19**

내 목소리가 아닌데 / 음파의 전달 · **30**

고달픈 대 풍작 / 영(0)의 기여 · **38**

목욕탕에서 / 목욕탕의 물리 · **44**

암벽에 점점이 붙어 있는 것들 / 등산과 대기압 · **51**

두툼한 옷 한 벌과 얇은 옷 여러 벌 / 공기의 열 전도율 · **59**

여름이 갈 즈음이면 어김없이 찾아오는 것 / 태풍에 숨은 물리 이론 · **62**

비와 먹구름은 바늘과 실 / 빛의 투과와 두께 · **76**

파도의 색깔 / 빛의 반사 · **79**

두 상자 / 불확정성 원리 · **82**

 2 장 스포츠와 놀이의 물리

타자는 압축 방망이를 선호한다 / 포텐셜 에너지 · **91**

코리안 시리즈 / 야구의 물리 · **98**

골프가 이렇게 힘들 줄이야 / 골프의 물리 · **107**

물에 뜨기만 해도 좋으련만 / 수영의 물리 · **120**

수영복의 마찰을 줄여라 / 마찰 저항 · **129**

대중 스포츠가 된 스키 / 스키의 물리 · **133**

놀이 동산의 탈 것 / 놀이 동산의 물리 · **142**

 3 장 곳곳에 스미어 있는 물리 2

비가 내리는데 달릴까, 말까 / 평균화의 중요성 · **155**

악덕 사채업자의 최후 / 거리와 단위 개념의 중요성 · **160**

추락하는 원숭이의 운명 / 포물선 운동 · **170**

지우는 것이냐, 떼내는 것이냐 / 매끄러움과 흡착 · **177**

만물 장수의 수수께끼 / 물질의 궁극 · **181**

생각이 낳은 깨달음 / 도구의 물리 · **186**

인류가 있는 한 함께 할 수밖에 없는 것 / 통신 · **194**

색의 바람 / 에너지와 결합 파괴 · **204**

무늬만 살균기 / 자외선의 역할 · **208**

유리의 비밀 / 무정형 물질 · **211**

 4 장 우주에 담긴 물리

장님과 코끼리 / 천문학과 천체 물리학 · **217**

꼬리별의 비밀 / 혜성 창고와 태양계의 끝 · **221**

달은 어떻게 / 달의 탄생설 · **229**

하늘을 올려다보니 / 목성 탐구 · **235**

화성으로부터의 운석 / 외계 생명체 · **243**

빛조차 빠져 나오지 못하는 구멍 / 블랙홀을 찾아서 · **253**

1 장
곳곳에 스미어 있는 물리 1

마녀 사냥 / 자유낙하

내 목소리가 아닌데 / 음파의 전달

고달픈 대 풍작 / 영(0)의 기여

목욕탕에서 / 목욕탕의 물리

암벽에 점점이 붙어 있는 것들 / 등산과 대기압

두툼한 옷 한 벌과 얇은 옷 여러 벌 / 공기의 열 전도율

여름이 갈 즈음이면 어김없이 찾아오는 것

/ 태풍에 숨은 물리 이론

비와 먹구름은 바늘과 실 / 빛의 투과와 두께

파도의 색깔 / 빛의 반사

두 상자 / 불확정성 원리

마녀 사냥
자유 낙하

▌마녀

'마녀' 하면 무엇이 떠오르죠?

두려움, 매부리코 할망구, 날아다니는 마법의 빗자루……. 뭐, 이런 것들이 아닐까요?

그렇죠. '마녀' 라고 하면 우선, 누더기 옷을 걸친 매부리코 할망구가 빗자루를 타고 하늘의 이곳 저곳을 휙휙 날아다니며 괴성을 내지르는 모습을 생각하고, '악령의 저주'를 상상하다 두려운 생각에 등허리가 오싹함을 느끼기도 하지요.

사실, 농작물을 말라죽게 하는 악한 존재, 인형에 바늘을 콕콕 찔러서 사람에게 고통을 주거나 심지어는 죽이기까지 하는 저주스러운 존재로 마녀는 널리 알려져 있다.

헌데 놀라운 사실은 마녀의 실제 모습이 선혀 그렇지기 않았다는 점이다. 빗자루를 타고 비행하면서 온갖 나쁜 짓만 골라서 하는 매부리코 할망구가 실제로는 존재하지 않았다는 것이다.

살펴보겠지만, 마녀는 우리가 흔히 길거리에서 맞닥뜨리고 이웃집에서 만날 수 있는 그런 평범한 사람이었다.

마녀가 처음 알려졌을 때, 사람들의 생각은 그다지 나쁘지 않았다. 남에게 피해를 주었거나 나쁜 짓을 저질렀을 경우에만 체벌을 가했지, 마녀라고 해서 무조건 잡아다가 모질게 고문하는 그런 못된 짓을 하지 않았단 말이다.

그런데 12세기 말이 되자, 마녀를 이용하려는 사람들이 곳곳에서 나타났다. 그들은 죄가 없는 사람들을 마구 잡아다가 마녀라는 거짓 허울을 씌워서 혹독한 고문을 가했다. 물론, 그러한 행동이 자신들의 잇속을 차리기 위함이었음은 두말 할 필요조차 없다. 이때부터 서서히 드러나기 시작한 마녀 고문은 18세기까지 유럽 사회에 유행처럼 번졌는데, 이를 가리켜서 '마녀 사냥'이라고 한다.

마녀 사냥은 우선 그 숫자에서 놀라지 않을 수 없다. 15세기에서 17세기까지 50만 명에 가까운 무고한 사람이 마녀로 몰리어, 그것도 불에 타서 죽었다고 전해질 정도니까.

죄 없는 백성이 마녀로 몰린 죄목은 매우 다양했다.

- 악마와 계약을 맺은 죄
- 악마가 주최한 파티에 참석한 죄
- 빗자루를 타고 하늘을 날아다닌 죄
- 악마와 사랑을 한 죄
- 옆 집 소를 죽인 죄
- 악마에게 예배 드린 죄

- 악마의 꽁무니에 입 맞춘 죄
- 우박을 내리게 한 죄
- 그 해 농사를 망치게 한 죄
- 어린이를 잡아먹은 죄
……

더불어 무고한 백성을 마녀로 몰아, 그들에게서 허위 자백을 받아내기까지 자행한 고문은 실로 지독하고 다양했는데, 그 중에서도 가장 빈번하게 사용한 것은 '스트러페이도우(strappado)'였다. 이것은 손을 뒤로 묶어서 높이 매달았다가 바닥으로 사정없이 떨어뜨리는 고문법이다.

으으으……, 생각만 해도 몸서리쳐지는 일이 아닐 수 없다.

그럼 이것이 어떻게 이용되었는지 살펴보자.

▌흉흉해진 민심

집 없이 떠돌던 한 여인이 한적한 시골 마을에 들어왔다. 그 해 그 마을에는 뒤숭숭한 여러 사건이 한꺼번에 밀어닥치듯이 발발했다. 무너진다는 것은 감히 상상할 수도 없었던 다리가 붕괴되어서 많은 사람이 졸지에 참변을 당했는가 하면, 여름에는 수십 년 만에 한 번 찾아올까 말까 한 폭우가 쏟아져서 가축과 집을 몽땅 휩쓸어 갔으며, 추수기에 이르러서는 대낮의 푸른 하늘을 시꺼멓게 에워싸고도 남을 만큼의 메뚜기 떼가 몰려와서 곡식 낟알을 먹어치우는 바람에 일 년 농사를 하루아침에 망치게 되었으며, 원인 모를 산불이 일어나서 신성시하던 수백 살 먹은 은행나무와 소나무가 졸지에 한 줌의 재로 변해 버리는 등 크고 작은 재해가 셀 수 없을 정도였다.

그러다 보니 백성들이 동요하기 시작했다.

"이건 하늘이 노한 거야."

"영주가 백성들은 굶어죽는지 얼어죽는지 관심도 없고 자기만 잘 먹고 지낸다는 소문이 파다하던데, 그에 대한 천벌일 거야."

집 없는 여인이 나타날 무렵, 마을에는 이런 소문이 파다하게 퍼져 있는 상황이었다.

'흉흉해진 민심을 어떻게 돌려 놓는다?'

이런 고민에 잠을 이루지 못하고 있는 영주에게, 집 없는 떠돌이 여인은 이용하기에 더없이 좋은 재료가 아닐 수 없었다.

'제 때에 잘 걸려들었어!'

영주는 기름이 번지르르 흐르는 얼굴에 음흉하기 짝이 없는 미소를 띠우며 이렇게 명령했다.

"그 여인을 잡아들이고, 동네방네 마녀가 나타났다고 소문을 퍼뜨려라."

여인은 곧바로 영주 앞으로 끌려 왔다.

"네 이년!"

영주는 여인을 보자마자 소리를 꽥 질렀다.

그러자 왜 끌려왔는지조차 모르는 여인은 덜컥 겁을 집어먹을 수밖에.

"네—네."

여인은 가당찮은 난데없는 불호령에 안면이 새파래졌고, 영주는 고삐를 늦추지 않았다.

"마녀란 사실 다 알고 있으니까, 순순히 자백하는 게 좋을 게다."

"제가 마녀라구요?"

여인은 뜨악 놀란 표정으로 영주를 바라보았다.

"그럼, 아니더냐."

영주는 뜬 건지 감은 건지 구별하기 힘든 눈매로 여인을 쏘아보았다.

"저는 마녀가 아닙니다."

여인은 떨리는 목소리로 말했다.

"도저히 말로는 안 되겠구나."

영주는 눈 하나 까딱하지 않고 고문관을 불렀다.

"저 년이 옳은 말을 할 때까지 끌고 가서 뜨거운 맛을 보여줘라."

"살려줍쇼, 나으리."

여인은 애걸했다. 그러나 이미 짜여진 각본, 받아들여질 리 없는 애원일 뿐이었다.

고문

'고문소'란 말만 들어도 등골이 오싹한데, 그 속으로 끌려 들어가는 심정이란?

고문소는 성의 지하에 있었는데, 소름이 끼치는 처참하기 이를 데 없는 곳이었다. 내부는 칠흙같이 어두웠고 바닥은 닦지도 않은 핏자국이 선명했다.

고문 기술자가 여인을 철재 의자에 앉혔다.

"이제 슬슬 시작해 볼까."

그는 오른손에 쥔 가죽 회초리를 빙빙 돌리며 공포 분위기를 조성했다.

"어차피 말할 거 지금 털어놓는 게 어때?"

"하늘에 맹세코 저는 절대 마녀가 아니에요. 살려주세요."

여인은 공포에 질려 눈물도 나오지 않는 눈으로 그를 바라보며 애원했다.

그러나 그는 태연스럽게 고문을 시작했다. 그 능숙함으로 보아 한두 번 해 본 솜씨가 아니었다. 그의 손에 힘이 쥐어질 때마다 여인의 입에선 찢어질 듯한 비명이 터져 나왔다.

고문을 받기 전, 그녀는 끝까지 거짓 자백을 하지 않겠다고 굳게 다짐했었다. 그러나 뼈를 산산이 부수는 것 같은 고문에 그녀의 결심은 오래 가질 못했다.

"그만! 그만!"

여인의 항복에 그는 역겨운 웃음을 지었다.

"마녀 맞지?"

"네."

여인의 음성은 작았다.

"순순히 불었으면 서로 이렇게 힘들진 않았잖아."

그는 여인의 얼굴 앞으로 자백서를 들이밀었다.

"여기에 '나는 마녀'라 적고 그 아래에다 사인해."

그는 여인이 서명을 한 종이를 들고 영주에게 달려갔다.

"자백을 받아냈습니다."

그러나 영주는 시무룩했다.

"생각을 해봤는데, 그 정도론 흉흉해진 백성의 마음을 돌려놓기가 힘들 듯싶어."

"그렇다면?"

"더 불게 해."

"더 불도록 하라뇨?"

"그러니까 우리 마을에 사는 여인 중에서 누가 마녀인지 더 자백을 받아내어, 만사가 이렇게 뒤틀어진 것이 다 그녀 때문이라고 하란 말이다."

"역시, 영주님은 대단하십니다."

고문 기술자는 영주의 방을 나와 다시 고문소로 급히 향했다.

▌스트러페이도우

그는 가죽 회초리를 들고, 고문에 지쳐 맥없이 의자에 앉아 있는 여인 앞으로 다가갔다. 그리고는 가죽 회초리로 바닥을 힘껏 내리치고는 보기에도 역겨운 웃음을 흘렸다.

"또 시작해 볼까?"

"뭘 또 하나요?"

여인은 소스라치듯 놀라며 떨군 고개를 쳐들었다.

"뭐긴 뭐야, 고문이지."

"마녀라고 시인하고 서명까지 했잖습니까."

"그것만으론 부족할 것 같더라고."

"아……"

여인은 더 이상 할 말을 잊었다.

"마녀가 더 있지?"

그는 양손으로 여인의 볼을 잡아 늘이며 물었다.

"없어요."

"더 있잖아?"

"없다니까요."

여인은 별로 남아 있지도 않은 힘을 써 가며 겨우겨우 대답했다.

"아직 맛을 덜 봤구만."

그는 여인의 양손을 등 뒤로 젖혀 밧줄로 묶었다. 그리고는 밧줄을 천장에 설치한 도르래에 연결하고 잡아당겼다.

'설마, 떨어뜨리는 건 아니겠지.'

헌데 설마가 사람을 잡는다고, 설마가 현실로 나타났다.

그는 밧줄을 놓았다.

"꿍!"

그녀는 가슴과 얼굴이 아래를 향한 상태로 바닥에 떨어졌다. 모르긴 몰라도, 이 충격에 갈비뼈 상당수와 턱뼈와 광대뼈 일부가 부러지거나 뭉개졌을 것이다.

그가 그녀에게 다가왔다.

"또 다른 마녀가 누구야?"

"알아—야 이—름을 대—죠."

여인은 힘겨운 울먹임으로 말했다.

"어느 집에 사는 여인인가만 불면 돼."

"몰라요."

그의 얼굴이 일그러졌다. 그는 이번에는 여인의 등에 쇳덩어리를 묶었다. 그리고는 그 상태에서 스트러페이도우를 실행했다.

누가 이 세상에서 가장 선한 동물이 인간이라고 했던가?

만신창이가 된 그녀는 아침에 우연히 만난 한 여인을 생각해 냈다.

"빠앙—집—여어—인."

금방이라도 숨이 넘어갈 듯한 목소리였다. 물론, 비극은 여기에서 끝나지 않았다. 당연한 수순대로 빵집 여인도 당장 불려와서 혹독한 고문을 받았으니까.

이런 비극의 악순환이 무려 수백 년 동안 유럽사회를 지배했다는 사실은 실로 안타까운 역사가 아닐 수 없다.

▌낙하 시간과 중력

떠돌이 여인은 두 번의 스트러페이도우을 받았다. 한 번은 손과 발이 뒤로 묶인 채로였고, 또 한 번은 등 뒤에 쇠뭉치까지 올려진 상태로였다.

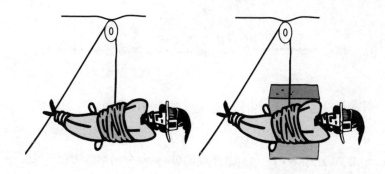

그렇다면 우리는 잠시 생각의 방향을 달리해서, 이 두 경우의 낙하 시간은 어떨까를 고려해 보자. 그러니까, 손만 묶인 채로 바닥에 떨어진 시간과 등에 쇳덩어리를 올린 생태로 낙하한 시간 사이에 어떤 차이가 있겠느냐는 뜻이다.

결론부터 말하면, 두 경우의 낙하 시간은 동일하다.

언뜻 생각하면, 이상하다고 느껴질 수 있는 결과이다. 당연히 무거운 경우가 더 빨리 떨어질 거란 생각이 드는데 말이다. 허나 '같은 높이에서 떨어진 물체는 무게에 상관없이 낙하 시간이 일정하다' 라는 것은 명백한 진리이다. 이것이 거짓이 아님은 이미 수백 년 전에 갈릴레이가 피사의 사탑에서 명백히 입증해 보였고, 여러 학자들이 증명했으니까.

허면 똑같은 스트러페이도우를 달에서 실시하면 결과는 어떨까?

답은 달에서도 마찬가지다. 다만, 떨어지는 시간은 차이가 있다. 그러니까 두 물체가 동시에 떨어지긴 하지만, 시간은 지구와는 다르다는 것이다. 이유는 중력의 세기 때문이다.

중력의 세기는 지구와 달이 같지 않다. 지구가 대략 6배 정도 강력하다. 그래서 지구에서 보다 빨리 떨어지게 되는 것이다. 달에 간 우주인의 몸짓이 영사기를 천천히 돌리는 것처럼 느릿느릿하게 보이는 이유다.

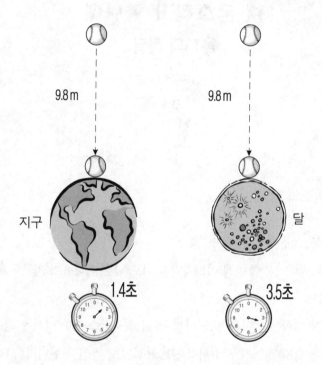

더불어 중력은 북극성, 북두칠성, 안드로메다 은하의 가장 밝은 별, 지구에서 가장 가까운 별, 태양, 금성, 토성 해왕성 등 우주의 모든 천체가 다 지니고 있는 힘이다. 다만, 지구와 달처럼 힘에 차이가 있을 뿐이다.

일반적으로, 중력은 몸집이 클수록 강력하다. 예를 들어, 지구보다 큰 태양은 중력도 대단하다. 그리고 중력의 세기가 가장 세다고 알려진 천체는 다름아닌 빛까지 빨아들인다는 '블랙홀(검은 구멍)'이다.

내 목소리가 아닌데
음파의 전달

▌과대표의 제안

"여러분, 조용히 해 주세요."

무스를 발라서 산뜻하게 머리카락을 뒤로 넘긴 과대표가 차분하게 말을 꺼냈다.

"우리가 대학에 들어온 지도 어언 두 달이 지났습니다. 이제는 친구들끼리 낯이 익지 않아서 서먹서먹했던 분위기도 가신 듯합니다. 그래서 분위기 쇄신을 해 볼까 하는데 여러분의 의견은 어떻습니까?"

"좋은 생각이오."

앞 좌석에 앉은, 두툼한 검은색 뿔테 안경을 쓴 학생이 동의를 표시했다. 그러자 만장 일치 찬성을 뜻하는 박수 소리가 이어져 나왔다.

"여행을 떠납시다."

뿔테 안경 옆에 앉은, 말총 모양으로 머리카락을 길러 묶은 학생이 큰 소리로 말했다.

"나쁘지 않은 제안입니다. 하지만 그건 몇 시간에 끝낼 수 있는 게 아니니까, 철저한 계획을 세워서 조만간 추진해 보도록 하고……."

그러자 말총머리가 과대표의 말을 자르며 끼어들었다.

"분위기를 쇄신할 만한 특별한 다른 거리가 있다는 뜻으로 들리는데요."

"그렇습니다. 여학교로부터 단체 미팅이 들어왔습니다. 그래서 나가 보는 게 어떨까 해서요."

와아아!

▌단체 미팅

학교 앞 카페, 샤갈의 눈 내리는 마을.

그리 넓지 않은 실내는 남녀 학생들로 빽빽하게 채워져 있었다. 테이블을 일렬로 배치한 카페의 한쪽은 남학생이, 그리고 맞은편은 여학생이 약간은 설레는 가슴을 안고 앉아 있었다. 그들의 왼쪽 가슴에는 노랑 종이에 파랑 사인펜으로 예쁘장하게 쓴 이름표가 붙어 있었다. 이제 갓 입학한 초등학생이 앞가슴에 흰색 손수건을 달고 책상에 앉아 있는 것처럼.

"안녕하세요, 남학생 과대표입니다."

그가 여자들을 향해 넙죽 인사를 했다.

"안녕하세요. 여학생 과대표입니다."

그녀가 생긋 웃으며 사신을 앙증맞게 소개했다.

"우리 토목 공학과 학생들은 무뚝뚝 그 자체입니다. 하지만 역으로 생각하면, 그 만큼 남성적 매력이 철철 넘쳐 흐른다는 뜻이지요. 그러니 여학생 여러분들은 눈 딱 감고 아무나 고르십시오. 상품의 질은 제가 보장해 드리겠습니다."

여학생들이 키득키득 웃었다.

"그건 저희도 마찬가지예요. 남자라곤 눈을 씻고 찾아봐도 찾을 수 없는 가정학과라서 우리는 남학생만 보면 부끄러워서 말을 못한답니다."

여학생 과대표가 자못 진지한 표정으로 말했다.

그러자 약속이라도 한 듯 일제히 남학생들의 장난기 섞인 야유가 터져 나왔다

"에이, 아닌 것 같은데."

"자자자, 그럼 서론은 이 정도로 끝내고 본론으로 들어가도록 하죠."

과대표 둘이 사회를 보는 가운데 한 시간 가량의 흥겨운 놀이 마당이 펼쳐졌다.

"이제 분위기도 무르익을 만큼 익었고, 카페를 임대한 시간도 다 돼 가니, 오늘의 하이라이트인 짝짓기에 들어가도록 하겠습니다."

남학생 과대표가 고조된 음성으로 말했다. 그러자 여학생 과대표가 미리 준비해 두었던, 4등분한 A4용지를 한 사람에 하나씩 나눠주었다.

"그 종이에 무엇을 적어야 하는지는 말하지 않아도 잘 아시겠지만, 요즘 우리 또래 중에도 치매 증상을 보이는 사람이 있다고 해서 노파심에서 드리는 말씀입니다. 남자가 남자의 이름을 적는다든가, 여자가 여자의 이름을 적는 그런 몰상식한 행위는 절대 하지 마시고, 마음에 쏙 드는 이성의 이름을 3지망까지 살짝 적어주세요."

여학생 과대표의 엉뚱스럽기까지 한 말에 참석자들이 터뜨린 웃음이

잠시 실내를 휘감았다.

▌내 목소리 맞아요

남녀 학생들은 모두 3지망까지 이름을 적어냈다. 개표 결과 1지망에서 눈이 맞은 학생은 2쌍이었다. 나머지는 2지망과 3지망으로 그럭저럭 짝을 맺었다.

짝을 찾지 못한 학생은 퐁군과 퐁녀뿐이었다. 그는 3지망에 그녀를 적어내었으나, 그녀가 그의 이름을 쓰지 않은 것이었다.

그가 앞으로 나가 남학생 과대표 옆에 섰다.

"제가 아무리 못생겼다지만, 그래도 20명이나 되는 여성 가운데, 그것도 3지망까지 적어내었는데도 제 이름을 적어 준 사람이, 단 한 명도 없다는 건 참……. 하지만 전 낙담하지 않습니다. 애초부터 크게 기대하지 않았으니까요. 고등학생 때도 몇 번의 미팅을 해 보았지요. 그러나 그때도 저를 선택해 준 여학생은 없었습니다. 그 당시엔 정말 고민 많이 했습니다. 왜 나를 이렇게 낳아주셨냐고 부모님을 원망도 많이 했지요. 하지만 저는 깨닫고 결심했지요. 내가 미인의 마음을 사로잡을 수 있는 방법은 공부 외에는 없다는 사실을 말입니다. 허나 그것도 실력이 어슷비슷한 사람끼리 이렇게 모이다 보니 외모가 또다시 걸림돌이 되는군요……. 그건 그렇고 고등학생 때 외모 때문에 한동안 침체돼 있었던 저의 따뜻한 동반자가 되어 준 음악이 있습니다."

그는 자켓 안주머니에서 테이프를 꺼냈다.

"여기 나오기에 앞서 저는 굳게 다짐했습니다. 오늘도 나를 선택해 주는 여자가 없으면, 이 곡을 틀겠노라고. 어제 제가 동네 노래방에 가서 부르며 녹음한 곡이랍니다. 제가 그래도 노래 하나는 자신이 있거든요."

그는 카운터로 걸어가서 오디오에 테이프를 넣고 시작 버튼을 눌렀다.

열 사람 중에서 아홉 사람이
내 모습을 보더니 손가락질해
그 놈의 손가락질 받기 싫지만
위선은 싫다 거짓은 싫어
못생긴 내 얼굴 맨 처음부터
못생긴 걸 어떡해

노래가 흘러나오자 분위기가 숙연해졌다. 그래서였는지 그가 정지 버튼을 눌렀다. 그리고는 고개를 갸웃하는 것이었다.

'이상한데?'

그리고는 학생들에게 이렇게 묻는 것이었다.

"제 노래가 맞나요?"

다소 엉뚱한 물음에 학생들은 웃어야 할지 울어야 할지 모르고 있는데, 여학생 과대표가 그의 물음에 답을 해주었다.

"네, 맞아요."

그러자 그는 다시 플레이 버튼을 눌렀다. 끝나지 않은 음악의 뒷부분이 흘러나왔다.

너네는 큰 집에서 네 명이 살지
우리는 작은 집에 일곱이 산다
……
아버지를 따라서 일터 나갔지
처음 잡은 삽 자루가 손이 아파서
땀 흘리는 아버지를 바라보니까
나도 몰래 눈에서 눈물이 난다

그러나 노래가 끝나기까지 그의 머리 속은 여전히 해결되지 않은 문제로 혼란스러워 있었다.
'내 목소리가 아닌데.'

▌당신 음성이에요

녹음된 자신의 목소리를 들어 본 사람은, 자신의 음성을 듣는다는 신기함이나 설렘보다는 이처럼 예상치 못한 맞닥뜨림에 적이 놀라게 된다.

어, 이거 내 목소리가 아닌데.

기이하다는 생각에 고개를 저어 보거나, 다른 사람의 음성이 녹음된 것일 거라는 생각에 몇 번 더 들어 보지만, 받아들이기 어려움은 여전해서, 옆 사람에게 이해할 수 없다는 표정을 지어 보이며 끝내 이렇게 물어 본다.

이거 내 목소리 맞아요?

그러면 그의 입에서 흘러나오는 말은, '아닐 거야'라고 하는 기대와는 달리, 백이면 백 '맞아요.' 라는 대답이다.

그렇다. 나는 녹음된 목소리가 내 음성이 아니라고 확신하듯 주장하지만, 나를 아는 모든 사람들은 내 목소리라고 말한다.

그래서 내가 잘못 들었나 싶어서 또다시 연거푸 들어 보지만, 수용하기 어려움은 앞이나 다름이 없다. 그러나 내가 듣기로 그 음성은 분명 귀에 익지 않은 다른 사람의 목소리가 확실하다.

왜 이런 언뜻 납득하기 어려운 상황이 빚어지는 걸까? 내 귀가 이상해진 것도 아닌데 말이다.

▌소리 전달의 매체가 다르다

이 문제를 해결하려면 우선 소리가 어떻게 전파하는가를 알아야 한다.

소리는 매체, 그러니까 소리를 전달해 주는 물체가 없으면 들리지 않는다. 우체부가 우편물을 배달해 주어야 편지와 소포를 받아볼 수 있는 것처럼, 입에서 나온 목소리가 귀로 들어오기까지도 소리를 전해 주는 매체가 있어야 하는데, 이 일을 맡아 해주는 것이 지구 곳곳에 드넓게 퍼져 있는 공기다.

공기가 소리 전달의 매개체라는 사실은 달에 가면 확연해진다. 달에는 공기가 아주 희박하기 때문에 목소리가 전달되지 않는다. 물론 그렇다고 해서 공기가 유일한 소리 전달의 매체는 아니다. 뼈, 땅, 금속, 물 등등 많은 물질이 가능하다.

그렇다면 여기서 생각해 보자. 내 목소리를 상대방이 듣는 경우와 내가 듣는 경우의 소리 전달 매체는 무엇인가를.

상대방은 내 음성을 공기의 전달에 의해서 듣는다. 하지만 나는 공기를 통해서뿐만 아니라, 입과 코 그리고 귀로 이어지는 인체 내부의 장기 통로를 통해서도 목소리를 듣게 된다.

이처럼 소리를 전달하는 매체가 다르니, 소리가 반사하고 굴절하고 투과하는 정도도 다를 터이며, 그 결과 소리의 울림도 당연히 다를 터이다. 내 입에서 나온 목소리를 상대방과 내가 다르게 들을 수밖에 없는 이유다.

고달픈 대 풍작
영(0)의 기여

▌대풍

아직은 영(0, zero)이라는 수를 발명하지 못했던 시절의 어느 한적한 시골 마을.

"나으리, 올 농사는 대풍이옵니다."

나이가 지긋하게 든 하인이 허리를 굽히며 아뢰었다.

"작년에도 풍작이었는데, 금년은 대풍이라……."

성주는 기쁨을 감추지 못하며 환한 미소를 얼굴 가득 지었다. 그리고는 오른손으로 턱수염을 만족스럽게 쓸어내리며 말을 이었다.

"그래 작년보다 몇 석이나 더 늘었느냐?"

"몇 석 정도가 아니옵니다, 나으리. 족히 두 배는 넘을 듯싶사옵니다."

"두 배라!"

성주는 더는 기쁨을 감추지 않았다.

"하하하……."

그의 웃음소리가 온 집 안을 즐거이 메아리쳤다.

▌하인의 고민

추수가 얼추 마무리되고 거둬들인 곡식을 창고에 저장하는 작업이 시작되었다. 하인은 문 옆에 서서 창고로 들어가는 곡식을 꼼꼼이 회계 장부에 표시했다. 한 가마니는 1, 두 가마니는 2, 세 가마니는 3······ 하는 식으로.

어느덧 아홉 가마니가 창고에 쌓이고, 열 가마니째 곡식이 창고로 향하는 순간이었다.

"이 보게 젊은이, 잠깐만 멈춰 보게나."

하인은 곡식을 등에 짊어지고 창고로 들어가려는 젊은 인부를 부랴부랴 막았다.

"왜 그러십니까?"

청년은 땀을 뻘뻘 흘리며 물었다.

"……."

그러나 하인은 말을 잊은 양 대답은 없고 장부만 뚫어져라 쳐다볼 뿐이었다. 그렇게 족히 2분여는 흘러간 듯싶었다.

"이젠 들어가도 되겠습니까?"

그렇게 묻는 청년의 안면은 이마에서 숭숭 맺혀 흘러내린 땀으로 뒤범벅이 되어 있었다.

"조금만 더 기다려 주게나."

하인은 여전히 장부에서 고개를 떼지 못하고 있었다.

"제 허리가 무슨 무쇠인 줄 아십니까?"

청년이 짜증스럽게 말을 뱉었다.

그러자 그때서야 하인이 부랴부랴 장부에 표시를 끝내고 청년을 바라보았다.

"미안하게 됐네. 내 이번에 들어가는 가마니의 수를 어떻게 적어야 할지 몰라서 시간이 좀 지체되었네."

"일찍 일찍 좀 생각을 해두시죠."

청년은 거의 직각에 가깝게 휘어진 허리를 겨우겨우 버티며 투덜투덜 발걸음을 창고 안으로 들여놓았다.

▌계속된 고민과 고충

하인은 왜 그렇게 시간을 끌었을까? 그것은 하인의 말 그대로, 아홉 번째 가마니까지는 1, 2, 3……, 9라고 쉬이 기입을 할 수가 있었으나, 그 다음 번째 가마니를 적으려 하자 9 다음의 수가 딱히 떠오르지 않았기 때문이다.

9 다음은 ?

하인이 0을 알고 있었다면 작업은 끊김이 없이 편하게 진행되었을 것이다. 장부에 간단히 "10"이라고 적으면 될 일이었을 테니까. 그랬다면 청년이 창고 앞에 멈춰 서서 끙끙대며 헛힘을 쓰는 헛수고를 하지는 않아도 되었을 터이다. 그러나 안타깝게도 아직 0이 발견되지 않은 시대여서 그럴 수가 없었으니……

하여간 하인이 고민에 고민을 거듭하고 나서 생각해 낸 이상한 모양의 글씨를 회계 장부에 적어 넣는 우여곡절 끝에 10번째 가마니는 그렇게 창고에 쌓이게 되었다. 하지만 하인의 고민과 쌀 가마니를 창고에 쌓는 청년들의 고충은 거기에서 끝나지 않았다.

"잠깐만 기다려 주세나. 이것이 열아홉 번째 다음 가마니니까……."

이렇게 이십 번째 가마니에서도 하인은 주춤거렸고, 삼십 번째 가마니에서도, 사십 번째 가마니에서도……, 하인은 뜸을 들였으며, 그럴 때마다 청년들은 매번 창고 앞에 멈추어 서서 헛힘을 쓰지 않으면 안 되었던 것이다.

어디 그뿐이랴. 가마니의 수가 십 단위를 넘어서 백 단위로 올라섰을 때에도 그들의 그러한 고충과 수고는 계속 이어질 수밖에 없었다.

"아흔아홉 번째 다음은……?"

"구백구십구번째 다음은……?"

이처럼 백 번째 가마니를 들여놓을 때에도……, 천 번째 가마니 때에도……, 하인은 새로운 숫자를 개발하여 회계 장부에 적어 넣어야 하는 괴로움에 시달려야 했고, 청년들은 부들부들 떨리는 다리와 허리를 억지억지 세우며 창고 앞에 서 있어야 하는 수고를 감내해야 했던 것이다.

그 일로 인해 하인은 정신 착란 증세를 보였고, 청년들은 만성 허리병과 관절병을 얻었다고 한다.

▌물리학의 발전도 요원했을 것

우습지만, 결코 간단히 웃어 넘겨 버릴 수만은 없는 한 편의 이야기이다. 이야기에서도 살펴보았듯이, '1, 2, 3, 4, 5, 6, 7, 8, 9'의 9개 숫자로 모든 수를 완벽하게 표현하는 것은 가능하지 않다. 그러나 그 아홉 개의 숫자에 0을 간단히 추가하면, 상황은 마술처럼 완벽하게 뒤바뀌어서 세상에 존재하는 어떠한 수라도 어렵지 않게 나타낼 수가 있게 된다.

0은 10개의 인도-아라비아 숫자 가운데 가장 늦게 발명된 수이다. 그럼에도 불구하고 0의 중요성은 아무리 칭찬해도 지나치지 않을 만큼 대단하다. 겉보기에는 가장 하찮아 보이는 0이란 숫자가 발명되지 않았다면, 수학은 물론이고 물리학도 지금처럼 발전할 수는 결코 없었을 터이다.

물리학에서 이루어지는 모든 실험에서 얻어지는 그 수많은 데이터를 0이 없었다면 어떻게 나타낼 수 있었겠는가? 또 어찌어찌 해서 표현했다고는 하자. 그러나 그 표현 결과가 내 것이 다르고, 네 것이 다를진대 그것을 어떻게 분석하고 비교한단 말인가?

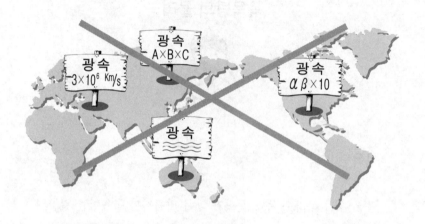

물리학의 모든 법칙은 지구 어느 곳에서 하건, 아니 우주 어디에서 하건 간에 반드시 그리고 항상 동일한 모습으로 나타나야 하는데, 데이터를 표현하는 것에서부터 이렇듯 어긋나게 되면 그 다음 수순은 보지 않아도 뻔한 것이다.

발전이란 단순 명료함 속에서 빠르게 이루어지는 것이란 사실, 그래서 물리학자들이 자연의 법칙을 가능한 하나의 법칙으로 통일해 내려고 부단하게 노력하는 것이고, 아인슈타인이 통일장 이론을 구축하려고 했던 이유도 바로 거기에 있었던 것이다.

0이란 숫자의 근 의미를 이젠 느꼈으리라 본다.

목욕탕에서
목욕탕의 물리

▌목욕탕 바닥

요즘은 우리 나라도 목욕 문화가 많이 바뀌어서 목욕탕을 일종의 피로를 푸는 장소로 여기게까지 되었다. 다시 말해서, 겨울이 되면 씻지 못해서 검게 된 때를 박박 문질러 벗겨내기 위해 찾았던 과거와 같은 목욕탕이 아니란 뜻이다.

목욕탕에 대한 인식이 이렇게 변하다 보니 늦게까지 모임에 참석했다거나 시험 공부를 하느라 피로가 누적되었다거나 하면 대중 목욕탕에 가서 뜨거운 물에 몸을 푹 담그거나 사우나실에 들어가서 땀을 쭉 빼고 나오곤 한다. 그러면 몸이 그런 대로 가뿐해지는데, 그 이유가 무엇 때문인지, 또한 그와 더불어 목욕탕에 숨어 있는 과학도 함께 알아보자.

목욕탕은 크게 두 구역으로 나누어진다. 옷을 벗고 입는 탈의실이 있는 공간과 몸을 씻고 사우나를 즐길 수 있는 공간으로. 그런데 그 두

곳의 바닥을 살피면 확연히 다른 물질로 치장돼 있다는 사실을 알 수가 있다.

옷을 벗고, 뜨거운 증기와 온수가 가득한 탕으로 들어서면 얼굴과 몸은 열을 받아서 화끈함을 느끼게 된다. 하지만 유독 발끝만은 서늘해진다.

대체 이유가 뭘까?

답은 욕탕의 바닥이 타일로 치장돼 있기 때문이다. 타일은 열 전도율이 상당히 우수한 물질이다. 다시 말해서, 열을 쉽게 전달하는 물질이란 뜻이다.

타일이 깔린 목욕탕 내부 바닥

열을 빨리 전달하니 어찌 되겠는가?

그렇다. 탕 내부는 온도가 높아도 타일은 열을 빨리 잃어버리는 까닭에 금세 차가워지게 되는 것이다. 그래서 욕탕 내부는 더운 김으로 자욱해도, 타일과 맞닿는 발바닥은 상대적으로 차가움을 느끼게 되는 것이다.

반면, 탈의실 바닥은 어떤가? 타일로 장식돼 있는가?

그렇지 않다. 탕과는 달리 탈의실 바닥은 거의 나무이거니 카펫을 깔아 놓고 있다. 이 또한 열의 전도율이 그 답을 설명해 준다.

나무로 된 목욕탕의 탈의실 바닥

탈의실은 탕 내부와는 달리 뜨거운 공기가 넘치는 곳이 아니다. 더구나 외부와 통하는 문에 바로 접해 있는 곳이 탈의실이기 때문에, 바깥의 공기가 그대로 전해지는 곳이기도 하다. 그런데 열 전도율이 우수한 물질로 바닥을 깔았다고 생각해 봐라. 찬 기운이 급속히 온몸으로 전달되지 않겠는가. 그래서 탈의실은 열 전도율이 낮은 나무와 같은 물질로 바닥을 까는 것이다.

그리고 사우나실의 내부 공간을 타일이 아닌 나무로 틀을 짜는 것도 다 열을 오랫동안 내부에 모아 두기 위한 아이디어인 것이다.

▌윗물이 뜨거운 이유

목욕탕의 외부를 살폈으니, 다음은 탕으로 들어가 보자.

알다시피 목욕물은 뜨겁다. 그래서 탕 속으로 들어가기에 앞서 물의 온도가 어느 정도나 되는가를 살피기 위해 목욕물에 손을 슬쩍 대본다거나 발끝을 살짝 묻혀 보곤 한다. 그리고 나서 물의 온도가 적당하다 싶으면 탕 속으로 조심스럽게 몸을 집어넣는데, 그때 탕 밑으로 내려갈수록 물의 온도가 낮아지는 듯한 느낌을 받는다.

그렇다. 이것은 그럴 것 같은 느낌이 아니다. 실제로 탕 속의 물의 온도는 위쪽보다 아래쪽이 더 차갑다.

이유가 뭘까? 왜 탕 안의 물은 위보다 아래쪽 온도가 더 낮은 걸까?

이유는 열의 흐름과 팽창이 말해 준다. 온도가 상승하면 물체의 부피는 커진다. 부피가 증가했다는 것은 밀도가 작아졌다는 말이다. 즉, 물체가 가벼워졌다는 뜻이다.

'가벼운 것은 위로 상승하고, 무거운 것은 아래로 하강한다.'

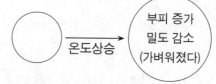

이 단순한 진리를 욕탕의 물에 그대로 적용하면 어떻게 되겠는가? 그렇다. 가벼워진 뜨거운 물은 위로 올라가고, 상대적으로 무거워진 차가운 물은 아래로 내려가는 대류 현상이 자연스럽게 일어날 것이다. 그래서 탕 속 물의 상하에 온도차가 발생하는 것이다.

열에 의한 물의 대류

목 언저리께까지 물이 차오를 만큼 몸을 탕 안에 푸욱 집어넣고 있으면, 목 부근은 화끈화끈할 정도로 뜨거움을 느끼면서도 발 쪽은 그보다는 다소 약한 뜨뜻함을 느끼는 이유다.

▌목욕탕에서는 음치가 없다

　목욕탕에 있으면 음치라도 노랫가락을 흥얼흥얼하는데 머뭇거림이 없다. 노래방에서 듣는 자신의 음성보다 한결 훌륭한 목소리로 들리기 때문이다.

　왜 이런 현상이 나타나는 걸까?

　그것은 소리의 진동과 반향 때문이다. 소리는 공기의 진동을 통해서 전달되는데, 벽에 부딪치면 반사하는 특징이 있다. 그래서 목욕탕에서 흥얼거리며 내뱉은 음성이 내부의 벽에 부딪치고 반사되어 되돌아오게 된다. 그렇게 소리가 반사되어 되돌아오는 현상이 반향(反響)으로, 산에서 '야호' 하며 외치는 음성이 바로 우리가 흔히 '에코'라고 하는 반향음(메아리)이다. 따라서 목욕탕의 내부를 반사율이 우수한 물질로 치장하면 반향 효과는 뛰어날 터이므로, 목소리가 한층 풍부한 음량으로 증폭되어서 들리게 된다.

　타일은 상당히 훌륭한 반향 물질이다. 그렇기 때문에 목욕탕에서는 누구라도 자신의 음성에 잠시 매료되며, '내 성량이 이렇게 훌륭한가' 라는 착각에 빠지게 되는 것이다.

타일은 반향 효과 우수

반면, 반향 효과가 좋지 못한 물질, 예를 들어서 나무로 내부를 설계한 목욕탕에서라면 평소 실력 이상의 음성을 기대하지 않는 것이 좋을 터이다.

나무는 반향 효과 미진

▌사우나의 이점

뜨거운 증기가 자그마한 내부 공간 가득한 사
우나실, 상상만 해도 열기를 참아내기 어려울 듯
한 공간이다. 그런데 적잖은 사람들이 그러한 사
우나실에 들어가서 땀을 쭉 빼고 나오면 무거운
몸을 그런 대로 추스릴 수가 있다고 했다.

정말 그럴까? 그렇다. 어느 정도까지는 피곤에 지친 몸의 원기 회복
이 가능하다.

이유가 무엇일까?

사우나실에 들어가면 피부의 온도가 4~10도 가량 상승하게 된다. 피
부가 열을 받았으니, 열 팽창 효과에 의해서 혈관이 확장될 것은 불을 보
듯 뻔하다. 피부 속 혈관이 넓어졌다는 것은 같은 시간 동안에 보다 많은
양의 피가 흐를 수 있다는 뜻이다. 다시 말해서, 보다 많은 양의 혈액이
체내를 빠르게 순환하게 된다는 의미인 것이다. 혈액의 공급이 원활해졌
으니 지친 육신이 빨리 원기를 회복할 것은 너무도 당연한 일이다.

그리고 사우나실의 내부가 몹시 무더우니, 인체는 땀을 흘려서 체온의
급상승을 조절하게 된다. 그렇게 땀을 배출하다 보면 체내의 수분이 부족
하게 되고, 인체는 모자라는 수분을 채우기 위해 지방이나 근육에 축적돼
있는 물을 끌어내게 된다. 그러면 그러한 과정에서 노폐물이 함께 실려
나오며 몸 밖으로 빠져 나오게 된다. 몸 속의 노폐물이 체외로 방출되었
으니 피곤한 몸이 빨리 회복되고 피부가 탄력을 얻을 것은 당연하다.

암벽에 점점이 붙어 있는 것들
등산과 대기압

▎고도 5,000m의 의미

눈 쌓인 겨울 산을 보기 위해 설악동 입구로 들어서서 설악산의 장관을 구경하다 보면 깎아지른 듯한 암벽에 점점이 달라붙어 있는 것들을 목격하는 경우가 있다. 그러나 지상과의 높이 차가 상당히 있는 데다가, 그곳까지의 거리 또한 만만치가 않아서 대충 보아서는 그것의 정확한 실체 가늠이 쉽지가 않다. 그러다 보니 그것의 실체를 알아내기 위해서 동공을 최대로 벌리어 암벽 쪽으로 시선을 던지기 마련이다. 그러면 그렇게 그곳을 꼿꼿이 응시하고 있던 사람들의 무리 속에서 한 목소리가 이렇게 터져 나오곤 한다.

"움직이는 것 같은데."

이 말에 사람들의 동공은 더욱 커지게 되고, 이윽고 또 한 음성이 터져 나온다.

"저거 사람이야."

그렇다. 쌓인 눈이 얼음처럼 굳은, 삐죽 솟은 암벽에 점점이 달라붙어 있는 물체는 다름아닌 인간인 것이다. 에베레스트나 K2와 같은 세계의 고봉을 오르기 위해 한겨울에 암벽 등반 연습에 여념이 없는 산악 대원들인 것이다.

등산은 지구력을 요하는 전신 운동이다. 그래서 1,000m 내외의 봉우리는 누구라도 적당한 인내와 끈기만 있으면 오르는 것이 그다지 어려운 일이 아니다. 하지만 봉우리의 높이가 5,000m를 넘어서면 사정은 확연히 달라진다. 그 이상은 인간이 생리적으로 한계를 느끼기 시작하는 고도이기 때문이다.

지표의 대기가 내리누르는 압력은 대략 1기압 남짓이다. 이것은 대략 코끼리 한 마리씩을 양 어깨에 이고 다니는 힘과 맞먹는 크기이다.

그만큼 우리는 대단한 공기압을 받으며 살고 있는 것이다. 다시 말해서, 인간의 모든 기관(器官)이 그만한 공기압에 적응돼 있다는 뜻이다.

그런데 그러한 압력이 갑작스럽게 감소한다거나 증가한다면 어떻게 되겠는가?

그렇다. 지표의 대기압에 알맞게 조절돼 있는 신체 곳곳이 이상 반응을 보일 것은 불을 보듯 뻔한 일이다. 그래서 높은 산으로 올라가거나 바다 속으로 들어가면 압력 차이에 의해 인체가 버거움을 느끼게 되는 것이다.

위치와 지역에 따라서 약간의 차이는 있을 수 있으나 평균적으로 대기가 내리누르는 압력, 즉 대기압은 1,000m마다 10분의 1씩 감소하여 5,000m 남짓한 고도에서는 지표의 절반으로 뚝욱 줄어든다. 이 높이는 앞에서도 언급했지만 인간이 육체적으로 버거움을 호소하기 시작하는 높이다. 그래서 이보다 높은 곳에서는 아무리 장시간 머문다고 해도 고소 적응이 되지 못하고 오히려 건강이 악화될 뿐이다.

세계 최고(最高)의 마을인 안데스 산맥의 탄광촌이 바로 이 높이 언저리에 위치해 있고, 세계의 지붕인 히말라야의 8,000m급 봉우리를 정복하려는 산악인들이 베이스 캠프를 이 높이 근방에 치는 이유가 바로 이 때문이다.

▌고산병이 생기는 이유

고도 5,000m 이상에서는 고산병이 나타난다. 즉, 정도의 차이는 있지만 고산에 오르는 사람은 누구나 현기증, 멀미, 구토, 식욕 감퇴, 불면증,

소변 감소, 숨막힘 등의 여러 증상을 복합적으로 느끼게 되는 것이다.

그렇다면 고도가 높은 곳에서는 왜 예외없이 이러한 증상을 겪는 걸까?

우리는 다음과 같은 사실을 알고 있다.

'대기압은 고도가 높을수록 약하다.'

이 말은 높은 곳에 위치한 지역일수록 공기가 희박하다는 뜻이다. 다시 말해서, 지상보다는 산 정상에 가까운 곳일수록 대기의 양이 적다는 의미이다. 그러므로 고도가 높으면 높을수록 그 주변에 흩어져 있는 공기층은 당연히 엷을 것이고, 그 속에 포함돼 있는 산소의 양도 따라서 지상보다는 현격히 적을 것이다.

인체가 원활한 생리작용을 무리 없이 하기 위해서 더없이 중요한 원소가 산소인데, 그와 같은 절실한 기체가 고도가 높아질수록 낮은 비율로 존재하고 있으니 에베레스트와 같은 고산을 등반하는 산악인이 산 정상에 가까이 다가갈수록 그의 신체는 어떠한 반응을 보이겠는가?

그렇다. 정상적인 생리 활동을 인체가 이어나갈 수 있도록 하기 위해서 대뇌는 필요한 양만큼의 산소를 빨리 보내줄 것을 긴급히 명령할 터이다. 그러면 심장은 숨 쉬는 속도를 빨리 해서 산소의 흡입을 늘리려할 테고, 그와 같은 가쁜 숨 쉬기는 결국 심장 박동수의 증가로 이어져서 숨이 턱까지 차오르며 가슴이 폭발할 것 같은 상태에 직면하게 될 터이다.

히말라야의 정상을 바로 눈 앞에 두고서도 곧바로 달려 올라가 정상을 정복하지 못하고 숨을 가쁘게 고르며 두세 발짝을 겨우겨우 옮기고, 그것도 모자라서 제자리에서 멈추어 섰다가 또다시 힘겹게 발걸음을 내딛을 수밖에 없는 이유인 것이다.

▌고산 정복에 적잖은 시간이 걸리는 이유

세계 최고의 봉우리 에베레스트를 오르는 것은 모든 산악인들의 꿈일 터이다. 그런데 그들이 에베레스트를 비롯하여 히말라야의 8,000m급

봉우리를 정복하는 등정 일정을 살펴보면, 일단 고도 5,000m 근방에 베이스 캠프를 설치한 후에 정상까지 오르는 데 대략 한 달 남짓한 시간이 소요된다.

산을 타는 그들의 능력으로 봐서 한 달이라는 날짜는 얼른 납득이 가지 않는다. 왜냐하면 베이스 캠프에서 정상까지의 남은 높이인 3,000m 쯤은 최정예 산악인이라고 볼 수 있는 그들의 능숙한 발걸음이라면, 아무리 길게 잡는다고 해도 일주일이면 충분히 등반이 가능할 듯싶기 때문이다.

그런데 무려 30여 일에 가까운 기간을 산자락에서 보낸다고 하니, 더구나 그것도 모든 상황이 계획대로 척척 들어맞았을 때를 고려해서 산정한 최적의 시간이 그 정도라고 하니, 대체 에베레스트와 같은 고산을 오르는 과정에는 어떠한 비밀이 숨어 있길래 그만한 시일이 걸리는 걸까?

고산 지대에 살아본 경험이 없는 보통 사람이 특별한 등반 훈련을 하지 않고 오를 수 있는 최대 높이는 3,000m 미만이다. 다시 말해서, 백두산 정상까지라고 보면 된다. 그 높이 이상에선 고산병 증세가 나타나기 때문이다. 하지만 그렇다고 해서 고산 지대 경험이 풍부하다거나 혹독한 산악 훈련을 했다고 해서 고산병으로부터 완전히 해방될 수 있는 것은 결코 아니다. 일반인에 비해 고산병을 느끼는 한계 고도가 조금 높아질 뿐이다.

히말라야의 8,000m급 봉우리를 모조리 무산소 등정한 세계적인 산악 등반가라 해도 5,000m 이상의 고도에선 어김없이 신체적인 부담을 느끼기 마련이다. 앞에서 설명했듯이, 그 높이부터는 대기압의 차이와 산소 부족에 따른 신체를 압박하는 여러 이상 증후를 예외 없이 겪기 때문이다. 그래서 그 고도 이상에서는 하루에 오를 수 있는 높이가 대폭 줄어서 500m 내외로 감소하게 된다.

히말라야의 고봉을 정복하려는 등반대가 체격 조건이나 장비의 부실 여부를 막론하고 고도 5,000m 언저리에다 〈베이스 캠프〉를 설치하는 이유다.

일단 그렇게 기본 전진 기지를 마련해 놓고 반드시 정복하리라는 불타는 각오로 산을 오른다고 해도 인간의 신체적인 한계 때문에 또다시 고소 증세를 느끼는 높이에 부딪치게 되는데, 그 고도가 대략 6,000m 내외다. 그래서 그 높이에 다시 캠프를 설치하는데, 그것이 〈캠프 1〉이다. 그런데 〈캠프 1〉을 설치했다고 해서 거기에서 곧바로 산을 오르진 않는다. 일반적으로 〈캠프 1〉을 설정하고 나서 베이스 캠프로 다시 내려가는 것이 통례다.

그렇다면 이런 의구심이 들 것이다.

"힘들게 오른 길을 왜 다시 내려가지?"

당연히 품을 수 있는 의아스러움이다. 그러나 여기서 우리는 이 점을 간과해선 안 된다. 아무리 철저하게 산악 훈련을 했다고 해서 산에 오르는 즉시 즉시 고산 증세를 이겨 나갈 수 있는 사람은 없다는 사실을. 그래서 〈캠프 1〉에서 베이스 캠프로 내려가는 것이다. 그러니까 다시 말하면, 〈캠프 1〉에서 베이스 캠프로 되돌아가는 건 신체가 고지대에 적절히 적응할 수 있도록 하기 위해 어쩔 수 없이 일시적으로 취하는 행동이라고 보아야 하는 것이란 뜻이다.

여하간 이와 같이 몇 백m 오르고 고산 증세가 나타나면 다시 하강하여 고도에 적응하는 방법으로 등반을 하여 6,500m 내외의 지점에 〈캠프 2〉, 7,200m 부근에 〈캠프 3〉를 세우고, 8,000m 근방에 마지막으로 〈캠프 4〉를 설치한 다음에 최종적으로 정상 정복에 도전하게 된다.

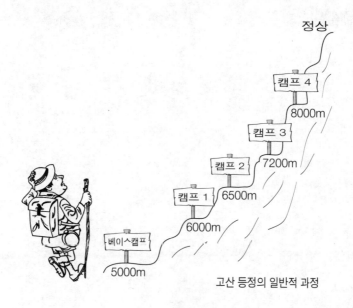

고산 등정의 일반적 과정

하나의 캠프를 완성하는 데까지 걸리는 소요 기일을 4~5일쯤으로 잡으면, 베이스 캠프에서 마지막 캠프를 설치하는 데까지는 대략 20여 일 남짓한 시간이 걸리게 된다. 하지만 이것은 너무도 이상적인 상황에서 추론해 본, 그야말로 책상 앞에서 계산기를 두드려 본 수치일 뿐이다. 이러저러한 여러 여건을 두루 고려해서 산출한 적정 기간은 그래서 1개월 가량이 되게 되는 것이다. 하지만 이것도 기상 상태를 비롯하여 대원들의 건강과 장비에 아무러한 이상이 발생하지 않았다는 기본적인 전제를 고려했을 때 산정한 기간일 따름이다.

KBS가 1999년 추석께에 맞추어서 히말라야의 제3 봉우리인 칸첸중가(8,586m) 등반을 생중계하려고 했으나, 예기치 못한 여러 사건들이 연이어서 터지는 바람에 기간을 두 달여 가까이로 늘려 잡았음에도 불구하고 결국 정상 정복의 꿈을 다음으로 미루어야 했던 가슴 아픈 기억은 고산 등정이 얼마나 힘든 일인가를 여실히 보여주는 예라 하지 않을 수 없을 터이다.

두툼한 옷 한 벌과
얇은 옷 여러 벌
공기의 열 전도율

▌기상 예보관의 당부

계절의 변화는 사람들의 옷에서 가장 쉽고 빠르게 읽을 수가 있을 터이다. 하도 무더워서 반팔 티셔츠를 걸치는 것조차 번거로웠던 날씨가 어느덧 가을이 다가오면서 긴 팔 옷으로 바뀌고, 다시 낙엽이 떨어지고 쌀쌀한 겨울의 한기가 찾아오면 우리의 몸은 두툼한 옷으로 자연스럽게 치장을 하는 것이다.

그렇다. 여름에는 그리도 가볍게 걸쳤던 옷가지가, 겨울에는 차가워진 바깥 날씨에 적절히 대응하기 위해서 그만큼 두꺼워진다. 그래서 겨울철 일기 예보를 듣고 있자면 기상 예보관이 이렇게 말하는 걸 심심찮게 들을 수가 있다.

"내일은 기온이 뚝 떨어지겠습니다. 그러니 외출하실 때에는 감기에 걸리지 않도록 각별히 주의하십시오."

그러면서 기상 예보관은 다음과 같은 당부를 말 끝머리에 덧붙이곤 한다.

"외투 속에 두꺼운 옷 한 벌을 입는 것보단 얇은 옷 여러 벌을 껴입는 것이 더 효율적입니다."

하지만 우리는 이 말이 곧바로 수긍이 가지 않는다. 그래서 고개를 갸웃갸웃하며 다시 한 번 곰곰이 생각에 잠겨 보지만, 그것이 쉬이 납득이 가질 않는다. 아무리 여러 벌이라고는 하지만 그래도 얇은 옷보다는 두툼한 옷 한 벌을 입는 편이 더 따뜻할 듯싶기 때문이다. 그런데도 기상 예보관은 얇은 옷 여러 벌을 외투 속에 껴입는 편이 더 따뜻하다고 자신 있게 말을 한다.

대체 그 이유가 뭘까? 기상 예보관은 어떤 과학적인 근거를 바탕으로 해서 그렇게 주저 없이 말을 하는 것일까?

▌옷 사이의 공기

비밀은 옷이 아니라 공기에 있다. 공기는 열전도율이 그다지 좋지 않은 물질이다. 다시 말해서, 금속처럼 열을 빠르게 전달하지 못한다는 뜻이다. 우리가 겨울철에 옷을 두툼하게 입는 것은 바깥 추위로부터 몸을 보호하기 위해서다. 즉, 인체가 갖고 있는 열이 바깥으로 빠져나가지 못하도록 하기 위해서 옷을 입는 것이란 말이다.

그렇다. 옷은 인체의 열을 차단하기 위해서 입는 것이다. 그렇다면 열을 쉽게 전달하지 못하는 공기가 인체와 옷 사이에 많이 있으면 있을수록 좋을 터이다. 공기는 열 차단 효과가 우수한 물질이니까.

몸과 옷 사이에 들어가는 공기의 양은 옷의 두께와는 상관이 없다. 옷을 몇 벌 입느냐가 중요할 뿐이다. 그래서 두툼한 옷 한 벌보다는 여러 벌을 입으라고 강조하는 것이다.

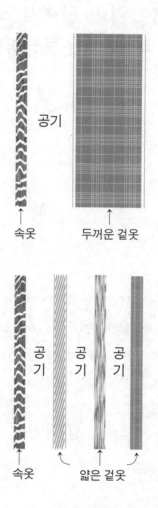

여름이 갈 즈음이면
어김없이 찾아오는 것
태풍에 숨은 물리 이론

▌태풍의 방문

"올해는 대한민국 창립 이래 최대의 벼 수확을 올릴 수 있을 것 같습니다."

엊저녁 9시 뉴스의 첫머리에서 앵커는 이런 소식을 반갑게 전했었다. 그리고는 누렇게 익은 벼 이삭이 주렁주렁 매달린 황금 들녘을 보여주며 그 풍경을 배경으로 한 기자와 농부의 인터뷰 장면을 연이어 보여 주었다.

"대풍이 확실한 듯싶은데요."

기자가 농부의 입에 마이크를 갖다 댔다.

"앞으로 한두 번은 올지도 모를 태풍만 무사히 지나간다면야 그렇게 되리라고 봅니다."

그런데 그 소식을 들은 지 꼭 24시간 만인 오늘 저녁 9시 뉴스의 첫머리는 이렇게 시작하고 있었다.

"태풍이 한반도를 향해 빠르게 북상하고 있습니다. 태풍의 진로는 ……."

늦여름의 막바지 무더위가 얼추 가시고 어느덧 아침 저녁으로 서늘한 기운이 감돌며 가을의 시작을 알릴 즈음이면 이처럼 태풍은 어김없이 한반도를 방문한다. 그리고 일단 그렇게 한반도를 찾은 태풍은 방문의 절정기인 한여름이 지났음에도 불구하고 평균적으로 대개 한두 개는 우리 나라 전역에 적잖은 피해를 남기고 사라진다.

더욱이 여름철 장마 피해가 크지 않았다 싶어서 내심 한도의 한숨을 내쉬고 있노라면, 태풍은 받을 빚이 아직도 많이 남아 있다는 기세로 더욱 거세게 휘몰아치며 한반도 곳곳에 큰 우환을 안기고 떠나곤 한다.

하지만 그렇다고 해서 태풍이 늘 한반도에 악영향만 끼치는 것은 아니다. 햇살이 사정없이 쨍쨍 내리쬐고 수은주는 연일 연중 최고치를 갈아치우는 상황에서 불볕 더위를 잠재워 줄 수 있는 유일무이한 구세주는 태풍 외에는 없다고 봐도 과언이 아니다. 왜냐하면 한반도를 두텁게 에워싼 북태평양 고기압이 좀체 물러날 기미를 보이지 않으며 폭염을 마구마구 뱉을 때 그 위세를 꺾어줄 수 있는 대안은 태풍 말고는 생각할 수가 없기 때문이다.

그렇다. 한반도가 그렇게 무더위에 지쳐 있을 때 때맞춰 찾아와서 적당히 비를 뿌려 주고 사라지는 태풍은 찌는 듯한 무더위와 가뭄을 동시에 해결해 주는 사막 한가운데서 만나는 천금 같은 오아시스에 다름 아니다. 너구나 드세게 휘몰아치는 비바람은 쿵쿵 남부 해역의 영양분을 골고루 뒤섞어 주고 산소를 풍부하게 해주는 등 어장을 풍성하게 만들어준다. 그러니 그보다 고마운 일은 없는 것이다. 어디 그뿐인가. 남해안에 심심찮게 발생하는 적조까지 말끔히 쓸어내 주기도 하니 태풍을 그저 나쁘다고 만 배척할 일은 아닌 것이다.

▌태풍은 생겨야 한다

태풍은 왜 생기는 걸까?

꼭 생겨야 하는 필연적인 이유라도 있는 걸까?

그렇다. 태풍이 생기는 데는 무시 못할 이유가 있다. 지구는 태양으로부터 막대한 양의 열을 끊임없이 받고 있다. 하지만 그렇다고 해서 지구가 수동적으로 무한정 태양 에너지를 받아들이기만 하는 것은 아니다.

지구도 자체적으로 에너지를 방출한다. 복사(輻射, radiation)라고 하는 형태로 말이다. 그래서 지구의 이러한 에너지 내보냄을 가리켜 '지구의 복사 에너지 방출' 이라고 한다. 지구가 이런 식으로 태양 에너지를 대기권 밖으로 내보내지 않는다면 지구는 이미 예전에 생명체가 온전히 살 수 없는 뜨겁디 뜨거운 고온의 행성이 되었을 것이다.

그랬다. 태양으로부터 받은 에너지의 일정 양을 복사의 형태로 쉼없이 방출해 왔기 때문에 지구가 태양계의 아홉 행성 가운데 유일하게 생명체가 살기에 적당한 온도와 환경을 갖출 수 있었던 것이다. 그런데 지구가 이렇게 태양 에너지를 방출하고 나서도 문제점은 남아 있다. 지구의 형태가 둥근 데다가 지표가 균일하지 않아서 각 지역마다 받는 태양 에너지의 양이 똑같지 않다는 데 문제가 있는 것이다.

사정이 이렇다 보니 태양 광선이 바로 머리 위에서 쏟아지는 적도 부근은 많은 에너지를 받는 반면, 태양이 땅에 닿을 듯이 기운 채로 뜨고 지는 극 지방은 상대적으로 적은 태양 에너지가 도달한다. 즉, 위도가 낮은 지역은 고농도의 태양 에너지가 그대로 지표와 해수면을 작열하는 햇살로 강타하는 반면, 고위도 지역은 그렇지 못한 것이다.

그렇다 보니 어떤 일이 벌어지겠는가. 지구 전체적으로는 에너지 수치가 일정할지 몰라도 국부적으로는 에너지의 과잉과 부족 현상이 나타나게 된다. 적도 인근의 저위도 지역은 필요 이상의 에너지가 모이고, 극 지방 인근의 고위도 지역은 반대로 에너지 부족 현상이 생기는 것이다.

하지만 자연은 이러한 열적 불균형 상태를 좋아하지 않는다. 그래서 열적 평형을 찾으려고 스스로 변한다. 예를 들어, 뜨거운 물과 차가운 물을 혼합하면 자연스레 열을 교환하며 미지근한 물로 변한다. 즉, 뜨거운 물은 열을 내놓고 차가운 물은 그 열을 얻어서 열적 평형에 도달하는 것이다.

이와 같이 열적 평형에 이르려고 하는 것은 자연에 내재돼 있는 기본적 습성이다. 그래서 저위도와 고위도 사이에 나타나는 이러한 열적 불균형을 해소하기 위해, 다시 말해서 에너지의 과잉과 부족으로 인해 발생하는 열수지를 지구 전체적으로 균형 있게 맞추기 위해 자연스레 발생하는 자연 현상이 바로 대기와 해수의 대순환이고, 그것의 한 예가 태풍인 것이다.

▌종류와 일생

이러한 지구 전체적인 열적 평형을 이루기 위한 바다 한복판에서의 에너지 이동은 발생 지역이 어디냐에 따라서 크게 네 가지로 나누어 구분한다.

발생 지역이 북태평양의 남부 서해상이면 태풍(typhoon), 북대서양의 서인도제도 멕시코만 칼리브해 플로리다 인근이면 허리케인(hurricane), 북인도양의 뱅갈만과 아라비아해 일대면 사이클론(cyclone), 호주 인근 해역이면 윌리 윌리(willy willy)라고 부른다.

이와 같이 발생 지역에 따라서 부르는 이름은 제각각이지만, 이 모두 중심 부근의 최대 풍속은 초속 17m 이상이다.

태풍은 발생에서 소멸하기까지 대략 1주일에서 한 달 남짓한 수명을 갖는데 형성기(발생기), 성장기(발달기), 최성기, 쇠약기의 4단계를 거친다.

1. 형성기 : 저위도 지방에서 생기기 시작한 저기압성 순환이 서서히 태풍으로의 면모를 갖추기 시작하는 단계

2. 성장기 : 강한 태풍의 위용을 드러내기 위해 점점 몸집을 불리는 단계.

3. 최성기 : 폭풍의 기세가 최고조에 달해 사방으로 내뿜는 비바람의 기세가 최대가 되는 단계.

4. 쇠약기 : 육지에 상륙해 점차 그 거대한 위력을 잃어버리며 차츰차츰 소멸하는 단계.

태풍 ｹ

기약쇠

한반도 본 일 최

중국 성

기

전향점 ●

성장기

형성기 　태풍의 일생

█ 태풍이 불면 파도가 큰 이유

태풍이 불면 유난히 파도가 높고 강하다. 이유가 뭘까? 태풍이 몰고
오는 비바람의 세기가 워낙 강하다 보니 그 세기에 바닷물이 떠밀리고
솟아올라서 파도가 높아지는 것이잖은가.

틀리지 않은 설명이다. 하지만 여기에는 빠뜨리고 넘어간 아주 중요
한 사실 하나가 있다. 다름 아닌 압력이 그것이다. 그렇다. 태풍이 다가
올 때 파도가 유난히 높고 강하게 해안가로 쏴악쏴악 밀려오는 데에는
압력이라고 하는 비밀이 숨어 있는 것이다.

삼척동자도 알고 있다시피, 태풍의 특징은 무섭게 휘몰아치는 강력한 비바람이다. 그래서 태풍이 한 번 다가오면 그 주변에 모여 있던 공기 입자들은 바람의 세기에 짓눌려서 무력하게 옆으로 밀려나가게 된다. 이렇듯 태풍의 거대한 위력 앞에 일정량의 대기가 옆 지역으로 이동해 가 버렸으니 그곳의 기압은 당연히 낮아질 터이다. 왜냐하면 기압(대기압)이란, 한 지역에 머물러 있는 공기가 내리누르는 힘이기 때문이다. 그러므로 모여 있는 공기의 양이 많아야 내리누르는 힘이 커져서 기압도 높아질 터인데, 공기의 양이 주변으로 쏠려 나가서 감소했으니 기압이 낮아지는 건 당연한 일이다. 에베레스트 같은 고산의 정상에 가까이 다가갈수록 공기가 희박해져서 기압이 뚝 떨어지는 이유이기도 하다. 그래서 태풍이 지나가는 곳은 예외 없이 기압이 낮아지게 된다. 물론, 태풍의 세기가 강할수록 더 많은 대기를 몰아내는 탓에 기압은 더 큰 폭으로 떨어진다.

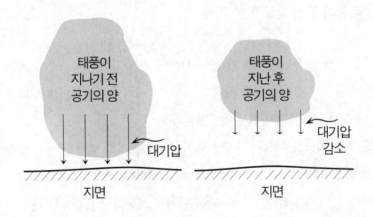

태풍에 의해 기압이 낮아졌으니 당연히 해수면을 내리누르는 공기의 양도 줄고 압력도 낮아지게 된다. 실제로 대기압이 1mb(밀리바) 감소하면 해수면은 1cm 가량 상승하는 것으로 알려져 있다. 태풍의 평균 중심 기압은 대략 970mb 남짓한 세기를 갖는다. 이것은 평상시 해수면을 내리누르고 있는 대기의 평균 압력인 1013mb보다 대략 40~50mb 낮은 세기다.

기압이 1mb(밀리바) 줄면 해수면은 1cm 상승한다고 했다. 그러므로 기압이 40~50mb(밀리바) 줄었으니, 해수면도 그에 비례하여 40~50cm 가량 높아질 터이다.

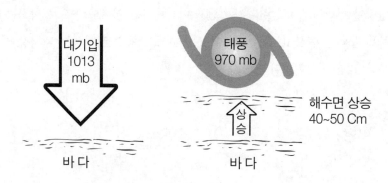

그래서 태풍이 다가오면 사정없이 불어대는 세찬 바람의 기세에 힘입어 수 미터 높이의 드높고 거센 파도가 일어 해안가 일대에 적잖은 피해를 남기고 떠나는 것이다.

▋태풍의 진로가 꺾이는 까닭

한반도를 향해 북상하는 태풍의 진로를 보면 이상하다는 점을 발견하게 된다.

"태풍은 항상 우리 나라를 비켜 갈 듯이 북서진하면서 올라온다. 헌데 그러던 것이 어느 순간부터 급작스레 방향을 우측으로 틀면서 한반도로 돌진하는 것이다."

왜 이런 일이 벌어지는 걸까?

답은 대기의 흐름 때문이다.

지구 상공에 떠서 움직이는 대기는 북위 30° 언저리를 경계로 해서 방향이 정반대로 엇갈린다. 즉, 30° 이남에서는 저위도 쪽으로 향하는 북동 무역풍이 불고, 30° 이북에서는 고위도 쪽으로 향하는 편서풍이 분다. 다음의 그림처럼 말이다.

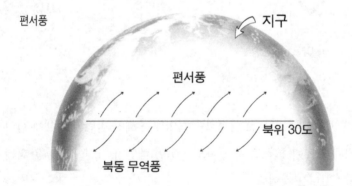

그러므로 북상하는 태풍이 지구 상공의 이러한 대기 흐름에 영향을 받을 것은 불을 보듯 뻔한 일이다. 그래서 북위 30° 이전까지는 북동 무역풍의 흐름을 쫓아서 북서진하던 태풍이 30° 근방에 이르게 되면 편서풍에 동승하여 방향을 급선회하고 한반도와 일본 열도를 향해 더욱 빠른 속도로 북상해 올라오는 것이다. 이때 태풍의 진행 방향이 바뀌는 점을 전향점이라고 한다.

태풍의 진로

한반도

일본

중국

북위 30도

전향점

태 풍

▌태풍의 우측이 위험한 이유

태풍이 올 때 일기 예보를 들으면 기상청 관계자가 늘 하는 말이 있다.

"태풍의 오른쪽 반원은 특히 위험하니 미처 대피를 하지 못한 해상의 어선은 속히 태풍의 좌측 반원 쪽으로 이동하여 주시기를 바랍니다."

이유가 뭘까? 왜 태풍의 왼편이 오른쪽보다 안전한 걸까?

이에 대한 답은 대기의 순환과 태풍의 회전 방향이 또렷이 알려 준다. 거센 바람이 공기를 몰아내기 때문에 태풍의 중심은 기압이 낮아져서 저기압 상태가 된다. 그래서 주변의 고기압 공기가 저기압인 태풍 속으로 휘어지며 들어가게 되는데, 그 방향이 북반구에서는 반시계 방향이다. 이렇게 말이다.

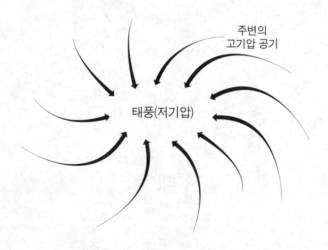

북반구에서 태풍으로 빨려들어가는 공기의 흐름

72

따라서 북반구에서의 태풍의 회전 방향과 대기 흐름(편서풍과 북동 무역풍)은 다음과 같이 된다.

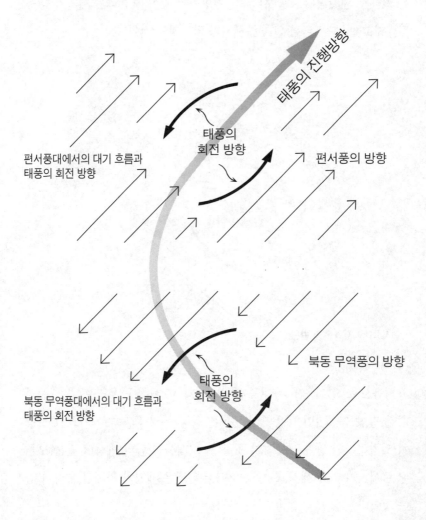

이 그림을 북위 30°를 전후로 하여 둘로 나누어서 분석해 보자.

우선, 북위 30° 위쪽에서의 대기 흐름(편서풍)과 태풍의 회전 방향을 보면, 태풍의 오른쪽은 편서풍과 태풍의 회전 방향이 일치하지만 왼쪽은 반대로 엇갈린다. 그래서 바람의 방향이 같은 오른쪽은 세기가 더욱 강해지고, 방향이 다른 왼쪽은 세기가 약해지는 것이다.

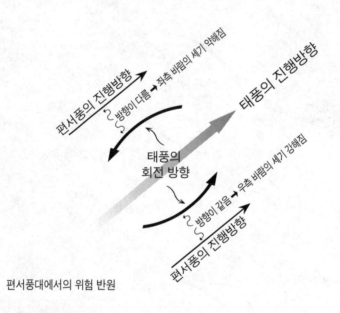

편서풍대에서의 위험 반원

다음으로, 북위 30° 아래쪽에서의 대기 흐름(북동 무역풍)과 태풍의 회전 방향을 살피면 태풍의 오른쪽은 북동 무역풍과 태풍의 회전 방향이 일치하지만 왼쪽은 그렇지 못하다. 그래서 바람의 방향이 같은 오른편은 세기가 더욱 세지고, 방향이 다른 왼편은 세기가 약해질 수밖에 없는 것이다.

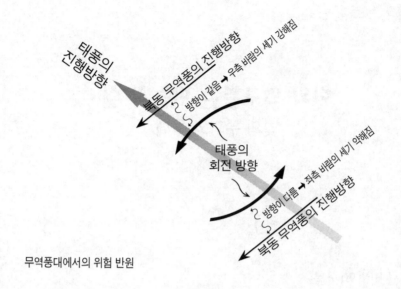

태풍의
진행방향

북동 무역풍의 진행방향

방향이 같음 → 우측 바람의 세기 강해짐

태풍의
회전 방향

좌측 바람의 세기 약해짐

방향이 다름 →

북동 무역풍의 진행방향

무역풍대에서의 위험 반원

이상의 결과에서 북위 30° 이상의 편서풍 지대든, 북위 30° 이남의 북동 무역풍이 부는 지역이든 간에 관계없이 태풍의 오른쪽이 위험하다는 사실을 알 수가 있다. 이러한 현상은 남반구에서도 마찬가지다.

비와 먹구름은 바늘과 실
빛의 투과와 두께

▌비와 먹구름

일기가 쾌청한 날 상공에 떠 있는 구름은 순백처럼 하얗다. 그러나 기상이 변하여 비가 올 조짐이 보이면 하늘의 모양새는 순식간에 바뀐다. 하얗던 구름이 성난 듯 어둑어둑한 회색 빛으로 빠르게 변하는 것이다.

왜 이런 현상이 나타나는 걸까? 비와 먹구름은 뗄래야 뗄 수 없는 사이란 말인가?

그렇다. 결론부터 말하자면, 비와 먹구름은 바늘과 실처럼 떨어질 수 없는 관계이다. 대체 그 이유가 뭘까?

이에 대한 답을 알고자 하면, 비가 어떻게 내리는지부터 살펴보아야 한다.

▌수증기가 구름으로

비는 상공에 떠 있는 수증기 입자들이 방울방울 모여 물방울로 변해서 떨어지는 것이다.

물방울이 이루어지기 위해서는 대기 중에 퍼져 있는 수증기 입자들이 우선 뭉쳐야 한다. 그리고 차가워져야 한다. 왜냐하면 기체(수증기 입자)가 액체(물방울)로 바뀌기 위해서는 온도가 낮아져야 하기 때문이다. 즉, 대기 중에 머물고 있는 수증기 입자들이 응축하고 냉각되어서 지상으로 낙하하는 것이 바로 비인 것이다.

그렇게 뭉쳐진 자그마한 물방울 조각들이 몰리면서 구름이 생긴다. 다시 말해서, 구름은 비를 내리는 저장 창고인 셈이다. 이렇게 해서 비가 내릴 환경은 일단 마무리되었다.

▌빛의 투과

그렇다면 지상으로 쏟아지는 비의 양은 무엇이 좌우할까? 그야 구름이 비의 저장 창고이니 두말할 필요 없이 구름이 얼마나 드넓게 상공을 채우고 있느냐, 그 두께가 얼마나 되느냐에 따라서 크게 달라질 것이다. 즉, 짙게 깔린 구름이 많이 퍼져 있으면 있을수록 억수 같은 장대비가 쏴악쏴악 쏟아지게 된다는 의미이다.

물체가 두꺼워지면 통과하기가 어렵다. 이러함은 빛이 구름을 지나가는 데에도 그대로 적용이 된다. 그래서 구름의 두께가 두꺼워지면 두꺼울수록 구름을 뚫고 지상까지 내려오는 빛의 양이 줄어들게 된다.

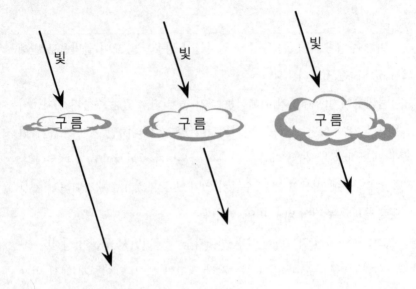

구름의 두께와 빛의 투과 비교

빛이 사라지면 어둑해지는 건 삼척동자도 다 아는 사실이다. 그래서 구름이 두꺼워지면 뚫고 내려오는 빛의 양이 현격히 감소하게 되고, 구름의 색깔이 검게 변하는 것이다.

비가 내릴 조짐이 보이면, 그리고 지상으로 낙하할 빗발이 거세어질 듯싶으면 싶을수록, 그래서 구름의 두께가 두꺼워지며 색깔이 더욱 검어지는 이유인 것이다.

파도의 색깔
빛의 반사

▌파도는 흰색

처얼썩, 처얼썩.

해안가로 밀려온 파도가 바위에 부딪치며 부서지고 있다. 그렇게 산산이 쪼개지는 파도의 색을 보아라. 어떤 색인가?

그렇다. 흰색이다. 물론, 알알이 부서진 파도의 조각뿐 아니라 해안가를 향해서 휘감아 구르듯 저돌적으로 다가오는 파도의 몸통 색깔도 다르지 않은 흰색이다. 그렇다면 의구심이 들지 않는가? 파도를 이루고 있는 성분은 분명 바닷물인데, 부서지는 파도의 색깔은 바다와는 전혀 딴판인 흰색이니 말이다.

왜 이런 결과가 나타나는 걸까? 바다는 고요하다. 그러나 파도는 그와는 사뭇 다르다. 잠시도 머무는 일 없이 끊임없이 움직이며, 해안가로 다가와서는 끝내 신신이 부서지며 흰 거품을 빙출한다. 바로 여기에 파도의 색이 바다와는 다른 비밀이 숨어 있다.

▌모든 색을 반사

우리가 물체를 보고 물체의 색을 구별할 수 있는 것은 빛의 반사 작용 때문이다. 즉, 물체가 빛을 반사하지 않고 투과만 한다면 우리는 어떠한 물체도 눈으로는 직접 인식할 수가 없다. 그런데 우리가 보고 느끼는 물체의 색은 물체가 반사한 빛의 진동수에 따라서 확연하게 달라진다.

빛의 진동수에 따라서 달라진다는 뜻은, 쉽게 말하면 가시광선의 빨강, 주황, 노랑, 초록, 파랑, 남색, 보라 중에서 물체가 어떤 색을 주로 반사하느냐는 의미이다. 예를 들어서, 빨강 사과는 태양광선의 빨간 색, 노랑 바나나는 노랑색, 초록 깻잎은 초록색을 대부분 반사하는 까닭에 그런 고유의 색으로 보이는 것이다.

이렇듯 색깔은 물체가 어떤 진동수에 해당하는 가시광선을 더 많이 반사하느냐에 따라서 현격한 차이가 나는데, 빛의 반사는 또한 빛과 물체가 충돌하는 각도와 횟수에 따라서도 상당한 영향을 받는다. 다시 말해서 빛을 직각으로 반사했느냐 비스듬하게 반사했느냐, 빛이 물체와 한 번 충돌했느냐 열 번 충돌했느냐에 따라서 지대한 영향을 받는단 말이다.

쉼 없이 움직이고 있는 파도를 구성하고 있는 수많은 물 알갱이들은 제각각 자유자재의 운동을 한다. 그렇다 보니 빛이 이들과 부딪치는 방향이 일정할 수가 없고, 충돌하는 횟수는 한이 없게 된다. 그래서 파도 속 물방울들은 가시광선의 어느 한 색깔만을 반사하는 것이 아니라 모든 색을 한꺼번에 반사하는 것이다.

모든 색이 다 섞이면 어떤 색이 되는가? 그렇다. 흰색이다. 그래서 파도의 색이 바다와는 달리 흰색을 띠는 것이다.

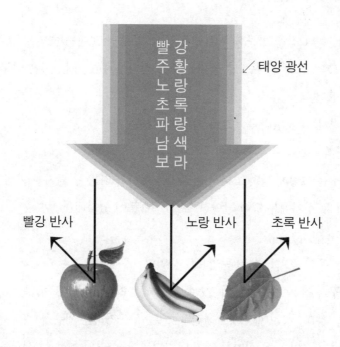

두 상자
불확정성 원리

▌친구의 선물

　Mr. 퐁의 집을 방문한 외계인 친구가 그 동안 보여준 호의에 고맙다면서 그의 집을 떠나는 날 선물을 주고 싶다고 했고, Mr. 퐁은 극구 사양을 했다.

　그러자 친구가 빙긋 웃으며 이렇게 말하는 것이었다.

　"거저 주겠다는 뜻은 아니네."

　친구는 그렇게 말하고 나서 가방에서 크기가 다른 두 상자를 꺼냈다.

　"이 두 상자에는 탐이 날만한 것이 듬뿍 들어 있다네."

　"무엇인가?"

　Mr. 퐁이 호기심 어린 눈빛으로 물었다.

　친구가 작은 상자를 열자, 그 속에 만 원짜리 지폐가 가득했다.

　Mr. 퐁의 두 눈이 휘둥그레졌다. 그는 두근거리는 가슴을 애써 진정시키며 친구가 다음 상자를 열기를 기다렸다. 그러나 그는 열 생각을 하지 않는 것이었다.

"이 상자의 내부는 보여주지 않는가?"

Mr. 퐁이 큰 상자를 가리키며 물었다.

"그렇다네. 큰 상자의 안은 보여주지 않을 걸세. 허나 한 가지 사실은 말해주겠네."

친구는 잠시 뜸을 들이더니 이렇게 말했다.

"이 속에는 10만원권 수표가 가득하다네."

친구가 왼손으로 큰 상자의 옆면을 툭툭 쳤다. 묵직한 소리가 나는 것으로 봐서, 돈인지는 확신할 수는 없으나 무엇인가 들어 있는 건 확실했다.

"삐삐삐."

그때 친구의 허리춤에 찬 통신기가 요란하게 울렸다. 출발 시간이 다 되었으니 서두르라는 인공 지능의 연락이었다.

"고마웠네. 이젠 가봐야 할 것 같네."

친구가 말을 빠르게 이었다.

"그래, 어느 상자를 가지고 싶은가?"

"크ㅡ으은ㅡ상자ㅡ."

Mr. 퐁이 머뭇머뭇 말을 뱉었다.

친구가 큰 상자를 들어서 Mr. 퐁에게 주려고 했다. 그때 Mr. 퐁의 아내가 끼어들며 큰 소리로 이렇게 외치는 것이었다.

"둘 다 가지겠어요."

그 말에 친구는 큰 상자를 내려놓았다.

"그게 가장 좋은 선택일 겁니다. 하지만 저는 그건 받아들일 수가 없답니다. 상자는 반드시 하나만 선택하셔야 합니다."

친구가 이렇게 제안을 하자 선택은 혼란스러워질 수밖에 없었고, 시간은 자꾸만 흘러갔다. 그러자 더 이상은 지체할 시간이 없었던 친구는 반드시 한 상자만을 선택해야 한다면서, 다음 말을 남기고 부랴부랴 떠났다.

"두 상자를 모두 선택하면 상자에 부착한 인공 감시 시스템이 작동해서 큰 상자의 10만원권 수표는 말할 것 없고, 작은 상자의 만 원짜리 지폐까지도 한 장 남김 없이 없애 버릴 거네. 그러니 그 점 꼭 명심하길 바라며, 자네가 큰 복을 가져가길 빌겠네."

고민스러운 선택

Mr. 퐁과 그의 아내는 친구가 남기고 간 두 상자를 바라보며 골똘히 생각에 잠겼다.

"어느 걸 택하지?"

Mr. 퐁이 왼손 검지를 깨물며 뇌까렸다.

"모두 가져요, 여보."

그의 아내가 두 상자를 끌어당기며 말했다.

"그러면 안 된다고 하지 않았소."

"그는 떠났잖아요."

감시 장치가 되어 있어서 ——.

아내가 Mr. 퐁의 말을 잘랐다.

"그건 우리의 선택을 혼란스럽게 하려는 말이 아닐까요."

"아니야. 친구의 말을 믿어야 해. 그에게 있어서 그 정도의 기술은 우리가 손바닥 뒤집는 것보다 더 쉬운 일이거든."

"그럼, 어느 상자를 가질까요?"

아내가 물었다.

그게 참?

그랬다. 상자는 하나만을 선택하겠다고 하는 의견 일치를 보았어도 고민은 여전히 끝나지 않은 것이다. 왜냐하면 마음 같아서는 당연히 10만원권 수표가 가득한 큰 상자를 갖고 싶지만, 작은 상자는 만 원짜리 지폐가 가득하다는 걸 두 눈으로 똑똑히 확인한 반면, 큰 상자는 그러하지 못해서 확신이 서지 않는 까닭이었다.

"어떤 걸 고른다?"

Mr. 퐁 부부의 고민은 그 뒤로 계속 이어졌다.

여러분은 어느 상자를 택하시렵니까?

▌불확정성 원리

선택이 쉽지 않다. 그 놈의 욕심 때문에.

이와 유사한 상황이 물리학에서도 나타나고 있다.

물체의 운동을 정확히 표현하기 위해서는 위치와 속도를 동시에 알아야 한다. 예를 들어, 서울에서 출발하여 경부고속도로를 질주하고 있는 승용차의 운동 상태를 다음처럼 표현한다고 해보자.

① : 승용차가 시속 90km로 움직이고 있다.

② : 승용차가 대전 매표소 15km 앞에 와 있다.

③ : 승용차가 시속 90km로 대전 매표소 15km 앞에 와 있다.

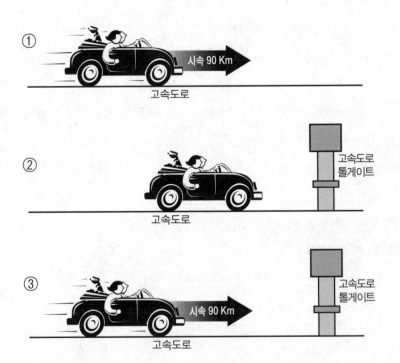

여기에서 ①은 속도만, ②는 위치만, ③은 속도와 위치를 모두 사용해서 승용차의 위치를 나타낸 것이다. 이 중에서 어느 것이 승용차의 운동 상태를 가장 정확하게 표현한 것인지는 삼척동자도 알 수 있듯이 ③이다.

　이렇듯 위치와 속도 중 어느 하나만을 알아서는 물체의 운동을 적확하게 표시하는 것이 어렵다.

　그런데 원자 속으로 들어가서 미시 세계를 탐구하고자 하면, 입자들의 위치와 속도를 동시에 측정하는 것이 불가능하게 된다. 이것이 바로 그 유명한 하이젠베르크의 불확정성 원리이다.

베르너 하이젠베르크(1901~1976)
독일 물리학자 · 철학자
1932년 노벨물리학상 수상

2 장
스포츠와 놀이의 물리

타자는 압축 방망이를 선호한다 / 포텐셜 에너지

코리안 시리즈 / 야구의 물리

골프가 이렇게 힘들 줄이야 / 골프의 물리

물에 뜨기만 해도 좋으련만 / 수영의 물리

수영복의 마찰을 줄여라 / 마찰 저항

대중 스포츠가 된 스키 / 스키의 물리

놀이동산의 탈 것 / 놀이 동산의 물리

타자는 압축 방망이를 선호한다
포텐셜 에너지

▌그의 사연

아직은 국내에 야구에 대한 체계적인 규정이 서 있지 않았던 시절.

그가 늦깎이 야구 선수가 된 데에는 나이를 먹어 가면서 직·간접으로 체득한, 다음 한 문장으로 십분 대변할 수 있는 세상 물정이 절대적이었다.

'세상은 1등만 인정을 해.'

그가 이러한 결론에 이른 변은 대충 이러하다.

우리가 삶을 틀고 있는 이 혼탁한 세상은 2등은 거들떠 보려 하지도 않는다. 대학 입시나 사법 시험 수석 합격자에게는 막무가내로 온갖 플래시를 다 터뜨리지만, 그보다 한두 점 낮아서 안타깝게도 차석을 한 자에게는 인터뷰 요청은커녕 그 어떠한 언론매체에서도 이름조차 거론하지 않는다. 이것이 비로 우리가 몸 담고 있는 이 시대의 가슴 아픈 현실이다.

그럼에도 그러함이 근래에 들어와서 만연히 퍼진 현상이 아니라는 데 우리의 우울함과 비참함은 도를 더하고 있다.

누 천년을 이어온 인류 역사의 어느 페이지를 들쳐 보아도 첫째만을 숭상하는 그런 풍조는 비단 요즘의 현실만은 아닌 듯싶다. 콜럼버스라고 하는 희대의 인물을 일 예로 들어보아도 그렇다.

콜럼버스는 신대륙을 발견한, 인류사에 큰 족적을 남긴 위대한 인물이다. 그러나 잠시만 생각해 보아도 우리는 거기에서 모순점을 쉽게 찾아낼 수가 있다.

콜럼버스 이전에도, 그리고 그 이후에도 신대륙을 알고 있었고 그곳에 발을 디딘 개척자들은 얼마든지 있었다. 어디 그뿐이랴. 그곳에 삶의 둥지를 마련해 놓고 대대로 이어져 내려오는 전통을 지키고 숭상하며 뿌리를 굳게 내리고 있던 아메리카 원주민들은 또 어떤가.

그러나 우리의 역사는 그들을 철저히 외면해 왔다. '신대륙을 발견한 최초의 인물 콜럼버스' 이렇게 그만을 확고히 자리매김시키려는 데에만 온통 혈안이 돼 있을 뿐이다.

　그러다 보니 콜럼버스보다 앞서 아메리카 대륙을 알았던 사람들이나, 그 바로 뒤에 신대륙을 찾아 나선 탐험가와 개척자에 대해서는 한 마디 이름조차 언급하지 않는다. 신대륙의 발견에 얽힌 이야기란 온통 그를 칭송하기 위해서 동원되고 각색된 것들뿐으로 보인다. 아무리 세우려고 애를 써도 세워지지 않는 계란의 밑둥을 툭 깨뜨려서 세웠다고 하는 그런 일화 같은 것들 말이다.

　우리 나라도 그렇다. 우리 국민처럼 막무가내로 최고·최대를 외치는 민족도 드물 터이다. 그것이 가난에 지치고 한이 맺혀서 하루라도 빨리 세계사의 당당한 주역으로 우뚝 서고 싶어하는 간절한 마음에서 비롯된 것이라는 걸 모르는 바 아니지만, 그래도 좀 지나친 감이 없지 않다는 것이 굳이 나만의 생각은 아닐 터이다.

　세계 최고가 못 되면 동양 최대, 그것도 모자라면 한국 최대라는 식으로 단어 말미에는 반드시 최고 최대라는 용어를 갖다 붙여야만 잠을 이룰 수 있는 것인지, 우리는 그 기질을 좀체 버리려 하지 않고 있는 듯싶다. 그래서 1등 이외에는 안중에도 두지 않는 세태가 만연해졌으며, 미성년자임에도 불구하고 공부만 잘하면 모든 짓거리가 그대로 용서가 되어서 술 마시고 담배를 피워 무는 것쯤은 어물쩍 넘어가 주는 그릇된 풍조를 낳게 한 모태가 된 것이라 나는 본다.

　이러다 보면 살인지도 명문 대학 출신이라고만 하면 어물쩍 넘어주고 감싸주는 날이 조만간 도래하는 게 아닐까 우려스럽기까지 하다.

그러나 어찌하랴. '인생은 성적 순이 아니잖아요'라고 목청껏 외치는 말이 옹색하게도, 1등만 집착하는 삶이 바른 인생관이 아니라는 것을 똑똑히 인식하면서도, 최고만 되면 그에 따라서 자연스럽게 얻어지는 부산물이 구르는 눈덩이가 부풀어오르듯이 기하급수적으로 커지는데 말이다.

'이 사회에서 2등은 설움은커녕 관심조차 받지 못하는 존재일 뿐이라구.'

이것이 그가 보통 사람으로서 20평생 남짓 살아오면서 나름대로 터득한 인생 철학이었다. 어디로 어떻게 흘러갈지 도무지 예측이 불가능한 이 혼탁한 사회의 떳떳한 구성원으로서 훌륭히 자리를 잡아나가기 위해서는 무엇보다도 속물이 되어야 한다.

깊은 산사에 꼭꼭 틀어박혀서 속세와의 인연을 딱 끊고 도를 닦는 몇몇 노승을 뺀 대개의 인간은 모두가 속물이다. 칭찬에는 인색하면서도, 뻔한 아첨인 줄 알면서도 자신에 대한 예찬만큼은 자꾸자꾸 해주길 고대하는 그런 속물 말이다.

그도 자신이 그러한 인간 가운데 하나일 뿐이라는 사실을 결코 부인하지 않는다.

'나 역시 돈 좋아하고 놀기 좋아하는 그저 평범하고 평범하기 이를 데 없는 한 명의 인간일 뿐이라구.'

그는 이렇게 자신이 속세에 찌들어서 살고 싶어하는 한 사람일 뿐이라는 사실을 자신 있게 드러내놓고 기꺼이 시인한다. 솔직히, 그가 속물이 아니라면 이 혼란한 사회의 일원이 되고자 그렇게 안달하지도 않았을 터이고, 굳이 걸출한 사람이 되겠노라고, 누구도 넘볼 수 없는 특출

난 사람이 되겠노라고, 인구에 회자되는 그런 인물로 남겠노라고 하는 거창한 소망을 감히 품지도 않았을 것이다.

▌그의 선택

그래서 그는 고민을 거듭했다.

'내가 무얼 하면 1등이 될 수 있을까?'

그리고 결론을 얻은 것이었다.

'타자가 되자.'

특출하게 학업 성적이 뛰어난 것이 아니었던 그. 하지만 몸집 하나만큼은 야구의 본고장인 메이저리그에 가서도 꿀리지 않을 정도인 데다가 유연함까지 갖추었다는 점이 그가 그러한 결정을 내리도록 한 결정적인 요인이었다. 허나 그가 타자가 되면 충분히 승산이 있겠다고 판단한 이보다 더욱 중요한 요인이 있었는데, 그것이 무엇인고 하니 압축 방망이였다.

▌타자가 빠지는 유혹

그렇다. 그처럼 타자들이라면 예외 없이 '압축 방망이'라고 하는 유혹에 빠져들곤 한다. 솔직히 압축 방망이에 대한 유혹을 과감히 떨어내버릴 수 있는 타자는 없다.

그렇다면 이런 물음은 당연히 사언스러운 것일 터이다.

'타자는 왜 압축 방망이를 선호하는 걸까?'

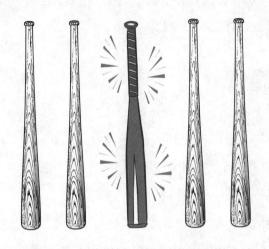

그것은 두말할 필요 없이 압축 방망이로 때린 공이 일반 방망이에 비해서 월등하게 멀리 날아가기 때문이다.

그렇다면 이런 물음의 이어짐도 당연한 것일 터이다.

'압축 방망이는 어떻게 해서 우월한 장타율을 과시할 수 있는 것일까?'

비밀은 탄성계수

나무를 압축하면 탄성계수가 커진다. 탄성계수가 높다는 건 잠재적인 포텐셜(potential) 에너지가 그만큼 강하다는 뜻이다. 용수철을 생각해 보자. 힘을 주어서 압축시키면 용수철은 수축한다. 하지만 형상이 그렇게 줄어들었다고 해서 용수철이 받은 에너지를 다 써 버린 것은 아니다. 에너지는 용수철의 내부에 고스란히 간직되어 있다. 그래서 그 에너지를 재이용하여 용수철은 원래의 모양으로 다시 되돌아가는 반복 운동을 계속할 수가 있는 것이다.

이처럼 탄성 계수가 좋다는 건 운동 에너지로 전환할 수 있는 잠재적 에너지를 보다 많이 내포하고 있다는 의미이다.

그러면 야구 방망이의 경우로 다시 돌아와서, 나무를 압축하면 포텐셜 에너지가 그만큼 커지게 된다. 그러니 더 많은 에너지로 공에 충격을 줄 수가 있을 터여서 반발력이 우수하게 되는 것이다. 그래서 압축 방망이 가 일반 방망이에 비해 야구공을 더 멀리 날려 보낼 수 있는 것이다.

참고로, 한때 일본 프로 야구에서는 투수들의 기세에 눌린 타자들의 기도 살려주고, 관중들에게 시원한 홈런도 선사할 겸 해서 원목 6.45cm^2 당 60t의 압력을 가해서 제작한 압축 방망이를 사용한 적이 있었다. 그 러나 장타가 워낙 많이 나오다 보니 투수들의 반발이 거세어졌고, 급기 야 압축 방망이의 사용을 전면 금지하였다. 또한 한국 프로 야구위원회 도 다르지 않은 이유로 다음과 같은 규정을 두어서 압축 방망이의 사용 을 엄격히 규제하고 있다.

"방망이는 겉면이 고른 둥근 나무이어야 하며 ─ 반드시 하나의 목 재로 만들어야 한다."

코리언 시리즈
야구의 물리

▍투수의 강력한 무기, 변화구

어느덧 쌀쌀한 냉기가 옷깃을 스치며 가을을 접으려 할 즈음이면 프로 야구는 한 해를 마무리하는 막바지 단계에 접어들게 된다. 이른바 코리안 시리즈가 시작되며, 프로 야구팬의 온 시선을 야구장에 집결시키는 것이다.

야구장에 관람 온 관중들이 제일 먼저 관심을 두는 건 투수이다. 다시 말해서, 각 팀의 선발 투수가 누구이냐에 우선 초점을 두는 것이다. 더욱이 그 날의 시합이 양 팀 전적 3승 3패인 상태에서의 코리안 시리즈의 마지막 경기라면 상황은 더욱 급박해진다. '이겨야 할 텐데.'라고 자신이 응원하는 팀이 승리하길 기원하며, 상대팀 투수의 이름부터 살피기 마련이다. 그만큼 야구 경기에서 투수가 차지하는 비중은 막중한 것이다. 아니, 막중하다 못해 거의 절대적이라고 해도 과언이 아니다.

그렇다면 왜 야구 경기에서는 투수의 영향력이 그토록 크게 작용하는

걸까? 그것은 야구 경기만
의 독특한 시합 방식 때문
이다. 알다시피, 야구는 한
명의 투수가 상대팀의 아
홉 타자를 순번대로 돌아
가며 일대일로 상대하는
경기이다.

그러다 보니 투수가 차지하는 비중이 클 수밖에 없는 것이고, 그래서
방어율이 낮은 우수한 투수를 어느 쪽이 더 많이 보유하고 있느냐에 따
라서 팀의 승패가 좌지우지되는 것이다.

투수가 타자를 아웃시키려면 다양한 구질이 필요하다. 직구 하나로
상대 타자를 가벼이 잠재울 수는 없다. 직구는 구질이 가장 단순한 공인
까닭에 상대 타자에게 금방 적응되기 마련이다. 더구나 타자가 아마추
어가 아닌 프로 선수인 경우 그러한 적응은 한결 빨라지게 된다. 그래서
투수는 타자들의 타격 타이밍을 흐뜨려 놓기 위해 직구 이외의 구질이
다양한 볼, 예를 들어 커브볼, 스크루볼, 포크볼 — 을 개발하는 것이다.

투수가 타자를 상대로 해서 던지는 변화구는 날아가는 방향이 하도
변화무쌍해서 어느 경우는 왼쪽으로 꺾이는가 하면, 어느 경우는 오른
쪽으로 굽어지고, 또 어느 경우는 밑으로 힘없이 뚝 떨어지는 등 휘어지
는 각도와 떨어지는 비율이 천차만별이다. 물론, 우수한 투수일수록 그
러한 변화의 폭이 큰데, 그것은 투수의 능력을 가늠하는 결정적인 잣대
가 된다.

▌변화구의 비밀

어떻게 해서 야구공이 좌우로 휘고, 밑으로 떨어지는 걸까? 이러한 변화구의 비밀을 풀어줄 원리는 없을까?

왜 없겠는가. 물론, 있다.

투수가 던지는 야구공의 변화무쌍한 구질은 하나의 물리 법칙으로 완벽하게 설명이 가능하다. 〈골프가 이렇게 힘들 줄이야〉에서도 언급이 될 베르누이의 법칙이 그것이다.

베르누이의 법칙이 없는 유체 역학은 공기가 없는 지구와 다름이 없을 만큼 베르누이의 법칙은 유체(流體, fluid, 기체나 액체와 같이 흐르는 물체)를 다루는 데 있어 떼어 놓고는 생각할 수 없는 절대적인 법칙이다.

베르누이의 법칙은 다음의 한 문장으로 간략하게 요약할 수가 있다.

> **유체의 압력과 속도는 반비례한다.**

압력과 속도가 반비례한다는 뜻은……. 그렇다. 압력이 센 곳에선 유체가 느리게 흐르고, 그렇지 않은 곳에선 유체가 빠르게 흐른다는 의미다.

그러면 이 간단한 법칙이 어떻게 야구공의 절묘한 회전을 설명하는지 알아보도록 하자.

1. 밑으로 떨어지는 볼, 상승하는 볼

투수가 야구공을 던지면 공기 입자들이 강하게 저항을 하게 된다. 즉, 공기 입자들이 야구공이 나아가는 방향과는 반대쪽으로 거슬러 흐르면서 공의 진행을 방해하는 것이다. 이때 다음처럼 야구공이 상하로 회전을 하며 나아가면 공의 위쪽 (1)과 아래쪽 (2)에 속도 차이가 생긴다. 왜냐하면 두 곳의 속도는 야구공과 공기의 속도를 합한 값인데 (1)과 (2)에서 두 속도의 방향이 다르기 때문이다.

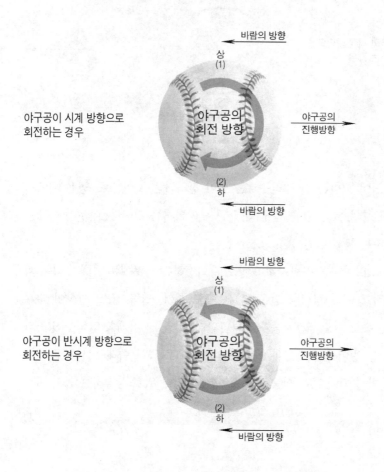

그래서 야구공이 시계 방향으로 회전하는 경우에는 야구공과 공기의 방향이 반대인 (1)은 속도가 느려지고, 방향이 같은 (2)는 속도가 빨라지게 된다. 이 결과는 베르누이의 법칙에 의해 곧바로 압력의 차이로 이어져서 (1)은 압력이 증가하고 (2)는 감소하게 된다.

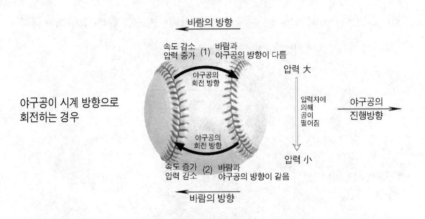

야구공이 시계 방향으로
회전하는 경우

압력이 세다는 건 내리누르는 힘이 강하다는 뜻이므로, 공은 위에서 아래로 짓누르는 힘을 받게 되어 뚜욱 떨어지는 것이다. 이것이 아래로 낙하하는 볼의 비밀이다.

그리고 야구공이 반시계 방향으로 회전하는 경우에는 반대가 되어 야구공과 공기의 방향이 같은 (1)은 속도 증가, 압력 감소, 방향이 다른 (2)는 속도 감소, 압력 증가로 나타난다. 이 역시 아래쪽 압력이 강하다는 것은 밀어올리는 힘이 세다는 의미이므로 공은 아래에서 위로 뜨는 힘을 받게 되어 후욱 상승하는 것이다. 이것이 위로 상승하는 볼의 비밀이다.

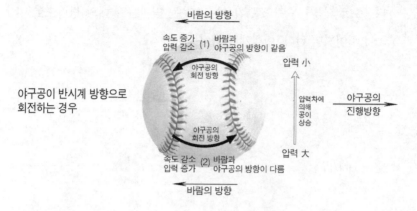

야구공이 반시계 방향으로
회전하는 경우

바람의 방향

속도 증가
압력 감소 (1) 바람과
야구공의 방향이 같음

야구공의
회전 방향

야구공의
회전 방향

속도 감소 (2) 바람과
압력 증가   야구공의 방향이 다름

바람의 방향

압력 小

압력차에
의해
공이
상승

압력 大

야구공의
진행방향

2. 좌우로 꺾이는 볼

볼이 좌우로 휘어지도록 하려면 야구공을 옆 회전시켜서 던지면 된다.

먼저, 좌측으로 꺾이는 볼을 생각해 보자. 이 경우는 왼쪽의 압력이 오른쪽보다 약해야 한다. 그래야만 오른쪽에서 미는 힘이 더 커서 야구공이 왼쪽으로 휘어질 수가 있다.

우측의 압력이 강해지려면 베르누이의 원리에 따라서 속도는 오른쪽이 왼쪽보다 약해야 한다. 이것은 공의 흐름이 다음과 같아질 때이다.

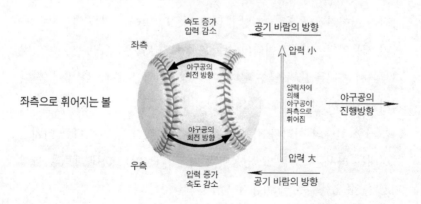

좌측으로 휘어지는 볼

속도 증가
압력 감소

공기 바람의 방향

좌측

야구공의
회전 방향

야구공의
회전 방향

우측

압력 증가
속도 감소

공기 바람의 방향

압력 小

압력차에
의해
야구공이
좌측으로
휘어짐

압력 大

야구공의
진행방향

다음으로, 볼이 우측으로 꺾이는 경우는 앞과는 반대의 방향으로 야구공이 휘어지면 된다. 이렇게 말이다.

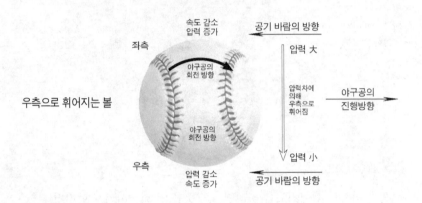

우측으로 휘어지는 볼

▌장타를 치는 비결

투수의 변화구가 야구의 재미를 한층 더하는 볼거리라고 하면, 타자가 치는 장타도 그에 못지 않는 묘미를 제공하기에 부족함이 없는 볼거리다.

흔히, 야구는 9회 말 투 아웃부터라고 한다. 질질 끌려 가던 시합도 장타가 이어지거나 홈런 한 방이 터져 나오면 일순 경기를 역전시킬 수 있기 때문이다. 그래서 여타의 시합은 종료가 가까워 오면 관중들이 앞다투어서 자리를 뜨기 일쑤 이나, 야구 경기만큼은 큰 것 한 방이 곧 터지지나 않을까 싶은 기대에 일어서기가 망설여진다.

그러한 관중의 심리와 감독의 기대를 저버리지 않고 커다란 아치를 그려내는 타자는 그야말로 영웅이 된다. 타자들이 장타에 매력을 느끼지 않을 수 없는 주요한 이유다.

장타를 치려면 무엇보다 힘이 좋아야 한다. 그래서 야구 선수들이 꾸준한 웨이트 트레이닝과 강도 높은 동계 훈련으로 상체와 하체의 근력을 튼튼히 기르는 것이다. 하지만 유리한 신체가 장타를 칠 수 있는 유일무이한 조건은 아니다. 야구 방망이를 어떻게 휘두르냐에 따라서 장타냐 단타냐가 결정될 수 있는데, 이 모든 비밀은 운동량과 충격량에 다 담겨 있다.

1. 장타와 운동량의 관계

물체의 운동량은 질량과 속도로 정의한다. 이렇게 말이다.

$$운동량 = 질량 \times 속도$$

정의에서 보다시피, 운동량은 질량이 무겁고 속도가 빠를수록 커진다. 따라서 무거운 방망이를 빠르게 휘둘러서 야구공을 맞추면 공을 더욱 멀리 날려보낼 수 있다. 그러나 무거운 방망이를 마음껏 휘두른다는 게 쉬운 일이 아니다. 그래서 타자들은 둘 중의 하나를 고르는 선택의 문제에 부딪치게 된다.

'무거운 방망이를 적당히 휘두를 것이냐, 가벼운 방망이를 빠르게 회전시킬 것이냐.'

이 선택을 놓고 야구의 초창기 시절에는 무거운 방망이를 선호하는 경향이 우세하였으나, 요즘은 거의가 가벼운 방망이를 사용하고 있다. 즉, 야구 방망이의 질량보다는 속도를 선택하는 쪽이 장타를 치는데 더 유리하다고 보는 것이다.

2. 장타와 충격량의 관계

충격량은 이렇게 정의한다.

$$충격량 = 힘 \times 시간$$

정의에서 보면 힘을 오랫동안 가할수록 충격을 더 많이 준다는 걸 알 수가 있다. 이러한 충격량의 원리를 야구 방망이에 그대로 적용하면, 야구공과 접촉하는 시간을 길게 하면 길게 할수록 공을 더욱 멀리 뻗어나가게 할 수 있을 터이다.

야구공이 배트에 머물러 있는 시간은 평균적으로 0.0012초이다. 이 시간을 재주껏 조금이라도 늘릴 수 있다면 야구공에 좀더 많은 충격을 주게 되어 장타를 날릴 수 있는 것이다.

야구 해설자가 '빠르게 그리고 끝까지 힘을 실어서 쳐'라고 하는 것은 바로 이와 같은 운동량(빠르게)과 충격량(끝까지)의 원리를 염두에 두고서 하는 말이다.

골프가 이렇게 힘들 줄이야
골프의 물리

▌보기와 다르네

아직은 대중화의 단계라고까지는 말할 수 없으나 골프는 이미 우리의 운동 문화에 바짝 다가와 있다.

골프를 배우려는 학생들을 주변에서 찾아보기는 이제 어려운 일이 아닌 데다가, 웬만한 회사의 중견 간부나 사업체를 꾸려 나가는 중장년은 자의 반 타의 반으로 골프를 치고 있는 상황이다. 그러나 골프를 시작했거나, 구력이 웬만큼 되었다고 하는 골프인조차 골프를 하면서 정도의 차이는 있을 수 있으나, 예외 없이 이렇게 한숨을 뱉곤 한다.

"어휴, 이렇게 힘들어서야."

그렇다. 헛스윙의 단계는 그럭저럭 넘어간 상태지만, 골프공이 원하는 방향으로 제대로 날아가 주지 않는 것이다. 정면을 꼿꼿이 응시하고 골프채를 휘둘러 보지만, 골프 공은 어이없게도 의도한 방향과는 전혀 딴 곳으로 날아가 버리는 것이다. 골프채를 휘둘러서 골프 공을 그냥 때리기만 하면 될 줄로 알았는데, 그게 아닌 것이다.

왜 이런 현상이 나타나는지 골프 초보자에게는 무엇보다 그것이 가시지 않는 궁금증일 뿐이다.

우선 이해가 안 되는 것

프로 골퍼의 경기를 시청하다 보면 클럽(club)이라고 하는 골프채를 10여 개 이상씩이나 가방에 넣어 가지고 다니는 것을 볼 수가 있다. 골프를 전혀 모르는 사람의 시선으로는 우선 이것부터가 이해가 쉽지 않다.

'두세 개면 충분하지 않을까?'

그렇다. 골프 공을 때리기에 적당한 골프채 두서너 개 정도만 갖추고 경기에 임해도 시합하는 데는 별다른 지장이 없을 것 같은데, 더구나 최고의 합금으로 제작한 것이어서 웬만한 충격에는 끄떡도 하지 않는 골프채를 그것도 아마추어도 아닌 그들이 왜 그리도 많이 갖고 다니는 건

108

지 골프 문외한의 입장에선 우선 그것부터가 쉬이 납득이 가지 않는다.

'이유가 뭘까?'

프로 선수라는 개인적인 과시일까, 아니면 광고업체의 홍보를 위해서일까?

아니다. 절대 그렇지가 않다. 그런 목적 때문에 그들이 여러 개의 골프채를 갖고 라운딩을 하는 건 결코 아니다. 단지 그런 이유 때문이라면 프로 선수도 아닌 데다가 광고업체로부터 아무런 후원비도 받지 못하는 아마추어 골퍼가 10여 개 이상의 골프채를 둘러매고 골프 코스를 도는 건 어떻게 설명할 수 있겠는가?

▌클럽을 여럿 갖고 다니는 이유

라운딩하는 골퍼가 여러 채의 클럽을 갖고 다니는 건 과시를 위해서도, 그렇다고 홍보를 위해서도 아니다. 오로지 단 하나의 이유, 골프공을 제대로 때려서 보다 빠르고 정확히 홀컵에 넣기 위해서일뿐이다.

캐디(caddie)가 이고 다니는 가방 속 골프채 하나하나를 살펴보면 그 이유가 확연히 드러난다.

골프채의 모양과 크기가 어떤가? 그렇다. 10여 개 이상이나 되는 골프채의 크기와 모양이 하나같이 제각각이다. 바로 여기에 우리가 찾고자 하는 숨은 답이 들어 있다.

골프채는 헤드(head)를 어떤 물질로 제작했느냐에 따라서 우드와 아이언으로 나눈다. 즉, 헤드의 재질이 나무면 우드(wood), 금속이면 아이언(iron)이라고 한다. 그리고 우드와 아이언은 다시 골프채의 길이,

클럽 페이스(club face, 골프공을 때리는 면), 휘어진 각도(로프트, loft)에 따라서 1, 2, 3…번으로 구분한다.

　일반적으로 널리 사용하는 클럽의 종류와 특성을 나타내면 다음과 같다.

클럽의 종류	명 칭	길이(cm)	평균 로프트(도)
1번 우드	드라이버(driver)	109.2	10~12
2번 우드	브래시(brassie)	108	13~15
3번 우드	스푼(spoon)	106.7	16~18
4번 우드	배피(baffy)	105.4	19~21
5번 우드	클릭(cleek)	103.5	22~24
2번 아이언	미드 아이언(mid iron)	97.8	20
3번 아이언	미드 매시(mid mashie)	96.5	24
4번 아이언	매시 아이언(mashie iron)	95.3	28
5번 아이언	매시(mashie)	94	32
6번 아이언	스페이드 매시(spade mashie)	92.7	36
7번 아이언	매시 니블리크(mashie niblic)	91.4	40
8번 아이언	피쳐(pitcher)	90.2	44
9번 아이언	니블리크(niblic)	88.9	49
피칭 웨지(pitching wedge)		87.6	54
샌드 웨지(sand wedge)		87.6	59
퍼터(putter)		86.4	3

이처럼 클럽의 형태는 무척이나 다양하다. 그래서 골퍼가 여러 개의 클럽을 한꺼번에 갖고 다니는 것이다. 시시각각 변하는 상황에 맞는 적절한 클럽을 골라 더 좋은 경기 결과를 이끌어내기 위해서 말이다.

▌클럽의 적확한 사용이 중요한 이유

골프 경기는 적은 타수로 남보다 빨리 홀컵에 공을 집어넣는 사람이 승리하는 게임이다. 그래서 장타와 정확성이 무엇보다 중요하다.

예를 들어, 그린까지 가는 데 남보다 멀리 공을 날려 보내서 한두 타를 줄일 수 있다거나, 홀 앞에서 정확한 샷을 구사하여 백발백중 홀컵에 공을 쏘옥 넣을 수 있다면 우승컵은 따놓은 당상이나 마찬가지다.

그러므로 골퍼가 해결해야 할 최대의 난제는 당연히 다음의 두 가지로 압축될 터이다.

'어떻게 하면 남보다 공을 더 멀리, 그리고 올바른 방향으로 날려 보낼 수 있을까?'

'어떻게 해야 홀컵 앞에서 흔들리지 않는 정확한 샷을 구사할 수 있을까?'

이러한 문제들이 순조롭게 해결되려면 무엇보다 여러 요인이 긍정적으로 어우러져야 할 것이다. 공을 치는 자세도 좋아야 할 테고, 체구는 큰 사람이 유리할 테고—.

하지만, 타격 자세도 기본기에 충실한 상태이고, 신체적으로도 동등한 조건이라면 무엇이 중요할까?

그렇다. 두말할 필요 없이 클럽이다. 재질과 길이와 클럽 페이스와 로프트가 다른 여러 클럽 중에서 상황에 맞는 가장 적확한 클럽의 사용이 그래서 공을 치는 매 순간마다 절대적일 수밖에 없는 것이다.

▌장타를 치기에 좋은 클럽

장타를 치기에 가장 좋은 클럽은 어느 것일까?

이걸 알려면 토크(torque)의 개념을 알아야 한다.

토크는 회전력에 의해서 나타나는 힘, 즉 원심력의 일부라고 생각하면 이해가 쉽다.

물리학적으로 토크는 이렇게 정의한다.

회전 중심에서 힘이 작용하는 곳까지의 거리 × 힘의 수직 성분

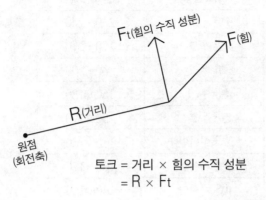

$$\text{토크} = \text{거리} \times \text{힘의 수직 성분}$$
$$= R \times Ft$$

토크의 정의

토크의 정의를 보면, 회전 중심에서 힘이 미치는 곳까지의 거리가 멀수록 강한 힘이 생긴다는 걸 알 수가 있다. 이것을 응용한 대표적인 예가 문 손잡이다. 문 손잡이를 회전축 바로 옆에 다는 어리석은 사람은 없다. 문 손잡이는 가능한 한 회전축에서 멀리 떨어진 곳에 붙여야 한다. 그래야만 큰 토크를 얻을 수가 있어서 적은 힘으로도 문을 쉽게 열고 닫을 수가 있기 때문이다.

그렇다면 토크의 개념을 골프 경기에 그대로 옮겨 와서 생각해 보자.

같은 힘으로 골프공을 때릴 때 공을 가장 멀리 보낼 수 있는 클럽은 어느 것이겠는가?

그렇다. 토크를 가장 크게 얻을 수 있는 길이가 가장 긴 클럽일 것이다. 그래서 골프 경기를 하면서 첫번째 공 때림은 특별한 예외가 없는 한, 길이가 가장 긴 1번 우드로 드라이버 샷을 하는 것이다. 공의 비행 거리(비거리)를 최대로 하기 위해서 말이다.

골프 클럽의 종류에 따른 평균 비거리를 나타내 보면 다음과 같다.

클럽의 종류	평균 비거리(m)
1번 우드	180~240
2번 우드	170~210
3번 우드	160~200
4번 우드	150~180
5번 우드	150~170
2번 아이언	160~180
3번 아이언	150~170
4번 아이언	140~160
5번 아이언	130~150
6번 아이언	120~140
7번 아이언	110~130
8번 아이언	100~110
9번 아이언	90 이내

▌골퍼의 스윙과 에너지 이용

18홀의 정규 골프 코스 가운데, 홀의 길이가 긴 코스에서는 대개가 첫 타를 티샷으로 하게 된다. 티(tee)란, 골프 공을 올려 놓는 받침대로서 티에 공을 올려놓고 치는 것은 에너지의 손실을 최소로 해서 공을 최대로 날려 보내려는 데 목적이 있다.

골퍼가 골프채를 휘두르기 위해선 어깨 너머로 클럽을 번쩍 들어 올려야 한다. 그러면 어깨 위에서 일단 멈춘 클럽은 위치 에너지를 갖게된다. 이 에너지에다 골퍼가 클럽을 휘둘러서 생기는 운동 에너지를 더하면, 그것이 골프공을 때리는 총 에너지가 된다. 물론, 골프공은 이 두에너지가 강할수록 큰 충격을 받아서 더욱 멀리 날아가게 된다.

그렇다면 이러한 에너지를 소모 없이 전적으로 골프공을 치는 데만 사용할 수 있다면 그보다 더 좋을 수는 없을 것이다. 그러나 이것은 완전한 진공 상태의 공간에서나 가능할 수 있는 실로 이상적인 상황일 뿐이다.

알다시피 우리 주변에는 공기를 포함한 여러 가지 마찰적 저항 요소들이 적잖게 포진해 있다. 그래서 클럽을 휘두르고, 클럽과 공이 충돌하고, 공이 날아가는 어떠한 경우에도 에너지의 소모로부터 자유로울 수는 없다.

하지만 이렇게 잃는 에너지를 줄이는 방법은 우리가 충분히 대처할 수가 있는데, 그 중의 하나가 티 위에 공을 올려 놓고 치는 것이다. 티샷을 하지 않고 잔디에 골프 공을 내려놓은 상태에서 클럽을 휘둘러서 공만을 완벽하게 때려내기란 거의 불가능에 가깝다. 백이면 백 어쩔 수 없이 공과 함께 땅을 내려치게 마련인 까닭이다.

그래서 땅을 내리쳐서 그렇게 허무하게 사라지는 에너지를 공을 치는 데 이용하려는 의도로 코스 길이가 긴 홀의 제1타를 티샷으로 시작하는 것이다. 그렇게 하면 장타를 치는데 한결 유리할 것은 불을 보듯 뻔한 일이잖은가.

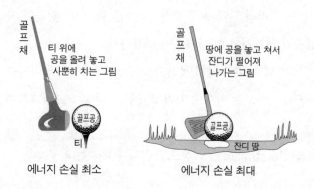

에너지 손실 최소   에너지 손실 최대

더불어서 스윙하기 직전의 팔 위치도 비거리와 뗄래야 뗄 수 없는 관계에 있다. 왜냐하면 클럽을 들고 있는 팔의 높이가 높으면 높을수록 위치 에너지도 따라서 증가하기 때문이다. 다시 말하면, 골프채를 높이 쳐든 상태에서 휘둘렀을 때 보다 큰 에너지의 도움을 받을 수가 있어서 공을 더욱 멀리까지 날려보낼 수가 있기 때문이다.

이러한 맥락에서 상황에 맞는 클럽을 적절히 고르고, 팔의 위치를 적정히 상정해서 무리 없이 스윙을 하게 되면 보다 만족스러운 경기를 할수가 있을 터이다.

▌슬라이스와 훅 그리고 백스핀

골퍼가 클럽으로 골프공을 힘차게 내려치면서 느끼는 애로 가운데 하나가 공이 마음 먹은 대로 날아가 주지 않는다는 것일 터이다. 모르긴 몰라도, 이것 만큼 골퍼의 속을 태우는 것도 없으리라고 본다.

보내고자 하는 쪽은 곧은 방향인데, 공은 골퍼의 그러한 애타는 심정과는 달리 왼쪽으로 치우쳐서 날아가거나 오른쪽으로 휘어져서 비행하는 경우가 골프 경기 중에는 허다하게 일어난다. 골프 경력 십수 년의 베테랑들도 그러한 일이 종종 발생하곤 하는데, 이제 입문한 지 겨우 몇 개월 남짓한 초보자야 더 말해 무엇하겠는가.

'골프공은 왜 똑바로 날지 못하고, 좌우로 휘어져서 날아가는 걸까?'

골프공이 날아가는 방향에 따라 타구는 크게 세 가지로 나누어진다.

스트레이트(straight) : 직선으로 곧게 날아가는 타구

슬라이스(slice) : 오른쪽으로 휘는 타구

훅(hook) : 왼쪽으로 휘는 타구

이 중에서 문제가 되는 것은 슬라이스와 훅이다. 이것이 생기는 원인을 밝혀 보자.

1. 슬라이스

골퍼가 친 공이 시계 방향으로 회전을 먹었다고 생각하자. 그러면 공은 날아가면서 맞바람을 받는 까닭에 공과 바람의 방향이 엇갈리는 곳 (1)은 속도가 느려지고, 일치하는 곳(2)은 빨라진다. 이러한 속도 차이는 곧바로 압력 차이로 이어져서 (1)은 압력이 증가하고, (2)는 압력이 감소하게 된다. 왜냐하면 베르누이의 원리에 따르면, 속도 차가 있으면 그에 반비례해서 압력 차가 생기기 때문이다.

압력은 힘이다. 따라서 압력이 센 (1)에서 약한 (2)로 미는 힘이 작용하고, 그래서 공이 오른쪽으로 휘는 것이다. 이것이 슬라이스의 비밀이다.

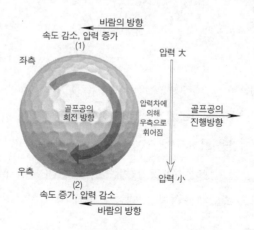

2. 훅

훅은 슬라이스의 역으로 생각하면 된다.

골퍼가 때린 공이 반시계 방향으로 회전이 걸렸다고 생각하자. 그러면 비행하는 공은 맞바람을 받기 때문에 공과 바람의 방향이 다른 곳(3)은 속도가 느려지고, 같은 곳(4)은 빨라진다.

이것은 베르누이의 원리에 따라서 (3)은 압력 증가 (4)는 압력 감소로 이어지고, 이 압력 차이가 공을 왼쪽으로 휘도록 한다. 이것이 훅의 비밀이다.

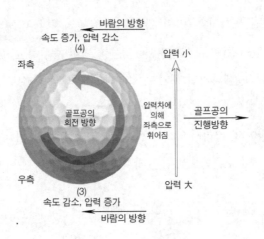

3. 백스핀

골프공의 밑둥을 강하게 내리쳐서 아래서 위로 먹는 회전을 걸었다고 생각하자. 이것을 역회전(백스핀, back spin)이라고 한다.

그러면 공은 비행하면서 맞바람을 받아서 공의 회전과 바람의 방향이 틀린 곳(5)은 속도가 느려지고, 같은 곳(6)은 빨라진다.

이 결과는 베르누이의 정리에 따라서 (5)는 압력 증가, (6)은 압력 감소로 이어지고, 이 압력 차이에 의해서 공은 위쪽으로 뜨는 힘을 받는다.

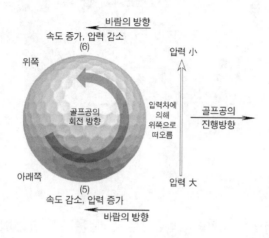

이렇게 생긴 부양력은 공중 체류 시간을 한층 늘려줘서 골프공의 비거리를 높여준다. 골퍼가 장타를 치려고 할 때 공의 아래쪽을 강하게 내리쳐서 역회전을 거는 이유다.

물에 뜨기만 해도 좋으련만
수영의 물리

▌동경어린 시선

장마가 얼추 지나가면, 기다렸다는 듯이 한반도를 급습하는 것은 다름아닌 무더위다. 낮에는 뙤약볕에 바깥 나가기가 두렵고, 밤이 와도 더운 기세가 가시질 않아서 좀체 잠을 이루지 못하게 하는 무더위와의 전쟁이 그렇게 해서 시작되는 것이다.

그러다 보니 자연스레 그 즈음에 맞추어서 휴가를 얻어 가족이나 벗들과 함께 더위를 피해 산이나 바다로 떠나게 된다. 말 그대로 폭염을 피해 떠나는 피서이니 바다는 당연히 대다수의 피서객이 원하는 장소가 되고, 산을 찾는 사람들도 시원한 계곡물이 흐르는 곳을 원하게 된다.

그러나 그러한 물이 있는 곳에 도착해도 대부분의 사람들은 수영과는 거리가 먼 피서를 하기 마련이다. 왜냐하면 수영에 자신이 없기 때문이다. 다음의 한 여인처럼 말이다.

동해의 바다는 그야말로 인산인해가 따로 없을 듯 피서객들로 들끓었다. 너나없이 신나게 몸을 던지며 바다로 뛰어들고 있다. 하지만 대개가 바닷물에 물을 묻히는 정도이지 제대로 된 수영을 하는 사람은 거의 보이지 않는다. 그러한 상황은 그녀도 마찬가지다.

허나 그때 그녀의 시야에 몇몇 사람의 모습이 눈에 확 들어온다. 멋지게 수영을 즐기는 몇몇 청춘 남녀의 모습이.

그녀는 원피스 수영복을 입은 채 그런 그들의 모습을 동경어린 시선으로 쳐다보고 있다.

'어떻게 하면 저들처럼 수영을 잘 할 수 있을까?'

그녀의 가슴은 바다로 뛰어들고 싶은 마음으로 간절하다.

하지만 그건 마음뿐 돗자리를 깐 모래 사장에 엎드린 그녀는 해안 쪽을 바라보며 다시 한 번 이렇게 상상해 본다.

'물에 뜨기만 해도 좋으련만.'

▎물에 뜰 수 있는 조건

인간이 물을 두려워 하는 가장 큰 이유는 물속에서 몸을 자유자재로 가눌 수가 없기 때문이다.

그러다 보니 물에만 들어가면 더 깊이 빠지지 않으려고 팔을 허우적이며 발버둥을 쳐보지만 그렇게 한다고 해서 마냥 떠 있을 수 있는 것도 아니다.

또한 온몸의 힘을 주욱 빼고 가만히 드러누워 있으면 몸이 두둥실 뜰 수 있다고 해서 그렇게 실행해 보기도 하지만 그게 말처럼 그렇게 쉽지 않다. 귓바퀴 언저리에서 찰랑이던 물이 그 이상 차오를 기미가 보이면,

귀와 콧구멍과 눈으로 물이 들어갈까 봐 화들짝 놀라며 몸을 일으키게
된다. 그러면 순간적으로 중심을 잃은 육체가 방향을 잡지 못하며 오히
려 더 많은 양의 물을 들이키게 되는 것이다. 이처럼 물에 뜨고 싶어하
는 인간의 소망은 안쓰럽기까지 하다.

그렇다면 물에 잘 뜰 수 있는 조건은 없는 걸까?

뜬다는 건 물보다 가볍다는 뜻이다. 즉, 물보다 밀도가 작다는 의미
다. 물론, '밀도가 크다 작다' 라는 개념이 지극히 상대적인 것이어서 어
떤 액체에서는 넣자마자 쑤욱쑤욱 가라앉는 물체도 다른 액체 속에서는
새털이 나풀거리 듯이 너무도 가벼이 두둥실 뜨곤 한다.

예를 들어, 물에 집어 넣은 쇳덩이는 숨 돌릴 틈도 없이 바닥으로 추
락한다. 쇠의 밀도(7.8g/㎤)가 물(1g/㎤)보다 월등히 크기 때문이다. 하
지만 그런 쇳덩이도 수은 속에서는 하강하지 못하고 두둥실 뜨고 만다.
쇠가 수은의 밀도(13.6g/㎤)보다 현격하게 작은 까닭이다.

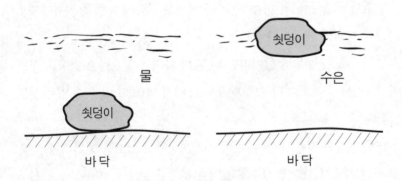

그렇다. 물체가 뜰 수 있기 위해서는 그것이 담길 액체보다 밀도가 작으면 되는 것이다. 그러므로 물에 잘 뜨는 법을 알고 싶으면 인체와 물의 밀도를 서로 비교하면 될 터이다. 다시 말해서, 인체의 밀도가 물보다 큰 사람은 뜨는 것이 그다지 어려운 일이 아닐 터이지만, 그렇지 못한 사람은 쉽지 않을 것이란 말이다.

▎인체의 밀도

과학적으로 밀도는 이렇게 정의한다.

$$밀도 = \frac{질량}{부피}$$

세상에 존재하는 온갖 물질은 형태와 구성 성분이 제각각이다. 그런 까닭에 물질의 밀도는 종류에 따라서 다를 수밖에 없다. 물론, 인체도 그러함에서 예외이지 않다. 골격과 피부와 장기를 구성하는 물질이 다르고, 그 비율이 일정하지가 않단 말이다.

그렇다. 인체를 이루는 물질은 다양하기 이를 데 없다. 그래서 인체를 구축하는 물질이 무엇이고, 그것의 밀도가 얼마이며, 그 비율이 어느 정도인가를 알면 뜨고 가라앉음을 어렵지 않게 가늠할 수가 있다.

인체를 구성하는 대표적인 몇몇 성분의 밀도는 대략 다음과 같다.

인체 구성체	밀 도
골격	$2g/cm^3$
근육	$1.06g/cm^3$
뇌	$1.04g/cm^3$
지방	$0.94g/cm^3$

즉 밀도는 골격, 근육, 뇌, 지방의 순으로 작다. 이들 중 물($1g/cm^3$)보다 밀도가 작은 건 지방뿐이다. 따라서 지방의 비율이 높을수록 물에 뜨기 쉬울 터이다. 신체 구조상 여성보다 지방의 비율이 낮은 남성이 물에 뜨기 어려운 이유다. 또한 마른 사람이나 근육이 발달한 사람보다 살이 피둥피둥 찐 비만인이 물에 뜨는 데 유리한 이유이기도 하다.

더불어서 뼈 조직의 밀도는 흑인이 백인에 비해 상대적으로 높은 것으로 알려져 있다. 그래서는 아닐 터이겠지만 흑인 수영 선수를 찾기가 쉽지는 않다.

█ 물에 가라앉는 원리

수중으로 들어간 인체는 중력과 부력을 동시에 받는다. 중력은 지구가 중심 쪽으로 끌어당기는 힘이어서 아래 방향으로 작용하는 반면, 부력은 수압에 의해서 떠받쳐 올려지기 때문에 위로 나타난다.

이 두 힘은 각각 무게중심(중력)과 부심(부력)으로 나타나며 인체에 힘을 전달하는데 두 점의 위치가 어디냐에 따라서 몸의 균형이 바로잡히기도 하고, 머리나 다리 쪽으로 기울게 되면 물속으로 가라앉기도 한다.

무게중심과 부심은 형태와 밀접한 연관이 있다. 예를 들어, 몸무게가 똑같다고 해도 상체가 발달했느냐 하체가 튼튼하냐에 따라서 두 점의 상대적 위치는 뚜렷이 달라지게 된다. 그래서 입수한 사람의 자세와 신체의 발달 정도에 의해 두 점의 위치는 시시각각으로 변하게 된다.

이것이 수중에 있는 사람의 무게중심과 부심이 일치하기 어려운 이유인데, 인체가 가라앉는 과정은 두 점이 놓인 위치에 따라서 크게 3가지 상황으로 나누어 살펴볼 수 있다.

1. 무게중심이 부심 위 쪽인 경우

이 경우 중력과 부력은 반대 방향으로 엇갈려서 나타나기 때문에 수중 속 인체는 자연스레 회전을 하게 된다. 즉, 토크를 받는 것이다. 토크는 〈골프가 이렇게 힘들 줄이야〉에서 이미 살펴본 바 있다.

무게중심이 상체, 부심이 하체 쪽에 놓이면 머리는 아래, 발은 위로 향하는 힘이 생기게 되어 인체는 반시계 방향으로 회전하며 가라앉는다. 더불어서 토크는 두 점의 위치가 멀수록 강하게 나타나므로 무게중심과 부심이 멀리 떨어져 있을수록 큰 회전을 하게 된다.

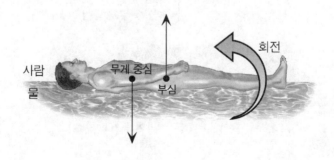

사람
물
무게 중심
부심
회전

2. 무게중심이 부심 아래쪽인 경우

이 경우는 무게중심과 부심의 위치가 1과는 반대로 바뀌었다. 그래서 하체는 중력, 상체는 부력을 받게 되어 인체는 시계 방향으로 회전하며 다리부터 가라앉게 된다.

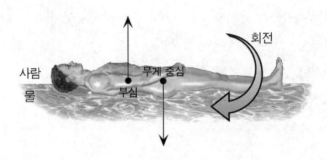

3. 무게중심과 부심이 동일 수직선 상에 놓인 경우

이 경우는 회전력이 생기지 않는다. 왜냐하면 토크가 발생하려면 두 점 사이에 수평하게 벌어진 틈이 있어야 하는데, 이건 그에 해당하지 않기 때문이다.

하지만 그렇다고 해서 인체가 무한정 둥둥 떠 있을 수 있는 것은 아니다. 이때는 중력과 부력의 상대적 세기에 따라서 인체의 뜨고 가라앉음이 판가름 나는데, 중력이 세면 가라앉고 부력이 강하면 떠오르게 된다.

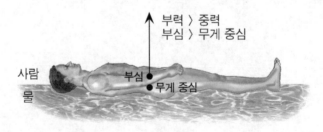

부력이 중력보다 세면 몸은 뜬다.

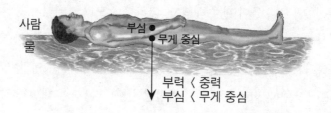

부력 〈 중력
부심 〈 무게 중심

부력이 중력보다 약하면 몸은 가라앉는다.

▌몸 동작으로 뜨고 가라앉음을 조절

앞의 세 가지 상황에서 살펴보았듯이 물체의 뜨고 가라앉음은 무게중심과 부심의 위치에 따라서 판가름 나게 된다.

그렇다면 이런 생각을 해볼 수 있지 않을까.

"몸을 적절히 변형시켜 뜨고 가라앉음을 조절할 수 있지 않을까?"

다시 말해, 몸통을 당기거나 허리를 구부리는 등의 몸 동작을 다양하게 취하여 무게중심과 부심의 위치를 바꾸어 몸의 뜨고 가라앉음을 조절할 수는 없겠느냐는 말이다.

왜 가능하지 않겠는가. 예를 들어, 손을 머리 위로 쭉 뻗어 올리는 경우를 생각해 보자. 이것은 손을 허리에 붙이는 경우보다 위쪽 부피가 커지는 결과를 낳는다. 그래서 부심은 머리 쪽으로 가까이 이동하게 되고, 부력은 자연스럽게 상체 쪽으로 작용하게 되어 시계 방향의 회전력이 걸리게 돼 다리 쪽으로 가라앉게 되는 것이다. 그러나 물론 이러한 때의 결과는 일률적인 것이 아니라 신체 발달 정도에 따라서 당연히 달라질 수 있다.

수중 발레 선수들이 팔을 내뻗고, 다리를 오므리고 벌리는 동작을 유심히 살펴보라. 그들의 입수 방향이 무게중심과 부심의 위치가 달라짐에 따라서 수시로 바뀌는 걸 재미있게 감상할 수가 있을 것이다.

더불어서 손과 발을 이용하는 방법뿐만 아니라, 숨을 내뱉는 양을 조절해서 폐의 공기량을 변화시키고, 손과 발을 수면 밖으로 내뻗는 행동으로도 몸의 뜨고 가라앉음을 다양하게 바꿀 수가 있다. 이 역시 수중발레 선수가 즐겨 이용하는 동작들이다.

수영복의 마찰을 줄여라
마찰 저항

▌물과의 마찰

삼척동자도 알다시피, 수영과 육상 선수의 100m 기록은 비교가 되질 않는다. 육상 400m 세계 기록이 수영 자유형 100m 세계 기록을 여유 있게 앞서고 있을 정도이니까.

이처럼 수영이 육상의 기록을 절대 따라가지 못하는 결정적인 원인은 마찰 때문이다. 그만큼 물 속에서 받는 저항은 대단한 것이다.

저항은 물체의 형태에 따라서 민감하게 달라진다. 단면의 형태에 따른 마찰 저항의 정도를 간단히 나타낸 〈그림Ⅰ〉에서도 확연히 엿볼 수 있듯이 각이 진 물체보다는 둥글게 다듬은 것일수록 물의 흐름이 자연스럽게 이어진다. 그래서 물에서는 앞머리가 둥그스름한 유선형을 선호하는 것이다. 물고기의 형태가 너나없이 직육면체 형이 아니라 방추형인 이유다.

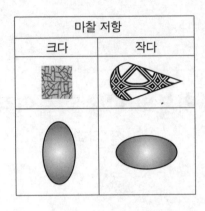

<그림 I> 단면의 형태에 따른 마찰 저항의 정도

마찰 저항	
크다	작다

이렇듯 물 속에서는 마찰 저항이 무엇보다 중요하다 보니, 기록 단축이 최우선인 수영 선수들에게 마찰 줄이기는 무엇보다 앞선 선결 과제일 수밖에 없다. 그래서 그들은 물과의 마찰을 줄이기 위해서 갖은 노력을 다하는데, 솔직히 그들이 벌이는 노력은 가히 처절하다고 해도 과언이 아닐 정도다. 몸에 착 달라붙는 수영복을 착용한다거나, 중요 부위만 살짝 가린 날렵한 수영복을 입는다거나, 그것도 모자라서 혐오스러울 만큼 머리칼을 박박 밀어 버린다거나 하는 것이 다 저항을 줄이려는 그들의 그런 애절한 사투에 다름 아닌 것이다.

▌수영복과의 전쟁

기록 경기로서의 수영은 당연히 전세계가 올림픽을 정식으로 승인하고 각국이 돌아가면서 올림픽을 정기적으로 개최하면서부터 시작되었다고 봐야 할 것이다.

올림픽의 초창기 시절, 그러니까 1900년대 초반의 수영 선수들은 저항을 감소시키기 위해서 얼굴과 팔을 제외한 몸의 나머지 부분을 온통 덮어 씌우는 형태의 수영복을 애용했다. 그러나 당시에 수영복을 만든 소재는 거의 대부분이 두껍고 물을 잘 흡수하는 울 종류이어서, 한번 물에 들어가면 질량이 10여kg 가까이나 증가하는 단점을 안고 있었다.

이렇듯 수영복이 물과의 마찰 저항을 줄이기는커녕 오히려 무게를 한참이나 증가시키는 역효과를 불러오다 보니 기록 단축이란 애초부터 요원한 꿈이나 다름없었던 셈이다. 허나 시작이 반이라고 했듯이, 보잘것없는 시작이었으나 그러한 노력이 있었기에 그 후의 발전이 가능할 수 있었을 터이다.

여하튼 그렇게 처음을 연 '수영복과 물과의 마찰 저항 줄이기'에 대한 사투는 나일론 수영복의 개발이 이루어지면서 획기적인 전기를 맞이하게 되었다. 일 예로, 1964년 도쿄 올림픽에서 처음으로 선보인 100% 나일론으로 제작한 수영복은 매끄럽기가 그지없어서 그야말로 기록 단축의 신호탄이 된 것이 사실이었다.

그 후부터 수영복과의 전쟁은 수영 선수뿐만의 것이 아니었다. 국가의 과학 기술 수준을 가늠하는 척도가 되기에 이른 것이다. 왜냐하면 남이 따라올 수 없는 고급 특수 소재로 제작한 수영복은 그 나라의 첨단 과학 기술 수준을 곧바로 대변하는 것이기 때문이다.

그래서 올림픽이 열리는 해이면 과학 선진국의 수영 선수들이 입고 나오는 기상천외한 수영복에 온 세계인의 관심이 쏠리곤 하는데, 우리나라에서 열린 1988년 서울 올림픽 때는 잠자리 날개 같은 수영복이 선을 보이기도 했으며, 2000년 호주 시드니 올림픽에서는 최첨단 소재를

이용한 전신 수영복을 입고 출전한 남자 수영 선수가 세계 기록을 연거
푸 경신하기도 했다.

　이런 이유로 4년마다 열리는 하계 올림픽은 각국의 최첨단 과학 기술
이 접목된 수영복의 총 경연 장이라 해도 과언이 아닌 것이다. 요즘 들
어서는 물보다 가벼운 최첨단 폴리프로필렌 섬유로 제작한 특수 수영복
이 개발되기에 이르렀는데, 이것은 물을 단 한 방울도 흡수하지 않아서
경영 선수의 기록 향상에 실질적인 도움을 주고 있는 게 사실이다.
　앞으로의 하계 올림픽에선 어떤 재질과 어떤 형태의 수영복이 모습을
드러낼지, 그것이 수영 기록만큼이나 관중들의 시선을 자못 끌 것으로
본다.

대중 스포츠가 된 스키
스키의 물리

스키와 압력

　겨울철 스포츠의 꽃이라고 하면 이제는 당당한 대중 스포츠로 확고하게 자리매김한 스키를 꼽지 않을 수가 없다. 그럼에도 10여 년 전만 해도 스키는 대중이 참여하기 어려운 스포츠 가운데 하나이어서 대다수의 국민들이 나와는 동떨어진 운동으로 여겼던 것이 사실이었다.

　이처럼 스키가 우리와 가까워지기 어려운 스포츠일 수밖에 없었던 것은 경제적인 이유가 크다 하지 않을 수 없을 터이나, 더욱 근본적인 문제는 기후 때문이었다.

지금이야 스키를 스포츠의 일종으로 생각하지만, 역사적으로 보면 스키는 적설량이 많은 지역에서 더없이 유용하게 이용한 교통 수단일 뿐이었다. 그래서 사시사철 눈과 떨어지기 어려운 노르웨이를 비롯한 북유럽과 시베리아 일대에서 스키가 일찍부터 겨울철의 주요한 이동 수단으로 널리 발달하였던 것이고, 사계절이 뚜렷한 우리 나라에서는 그다지 필요치 않았던 것이다.

그렇다면 눈이 많이 내리는 지역에서 스키는 왜 그토록 유용한 이용 수단이 될 수 있는 것일까?

그것은 스키가 설원 위에서 사뿐히 설 수 있기 때문이다. 사람이건 동물이건 눈 위를 걸으면서 푹푹 빠지지 않을 수 있는 생명체는 없다. 지구가 중심 쪽으로 강하게 끌어당기는 중력을 거스르지 못하는 까닭이다. 그래서 눈이 많이 쌓인 곳일수록 더더욱 발걸음을 내딛기가 어려운 것이다. 하지만 스키를 타고 있으면 쌓인 눈의 높이가 얼마이든 간에 그다지 큰 영향을 받지 않으며 눈 위에 서 있을 수가 있다.

대체 이유가 뭘까?

그것은 스키의 적절한 압력 분산에 기인한다.

압력은 이렇게 정의한다.

$$\text{압력} = \frac{\text{수직으로 누르는 힘}}{\text{힘을 받는 넓이}}$$

즉, 일정한 면적에 얼마 만큼의 힘이 수직으로 작용하는가를 나타낸 값이 압력인 것이다.

압력의 정의를 보면 압력을 줄이기 위해서는 분자가 작거나(즉, 내리누르는 힘이 약하거나), 분모가 크거나(즉, 힘을 받는 면적이 넓거나) 해야 한다. 그래서 눈을 누르는 인체의 압력을 줄이기 위해 발바닥보다 표면적이 월등히 넓은 스키를 신고 있으면 압력이 사방으로 분산되는 까닭에 눈 속으로 푹 꺼지지 않고 똑바로 서 있을 수가 있는 것이다.

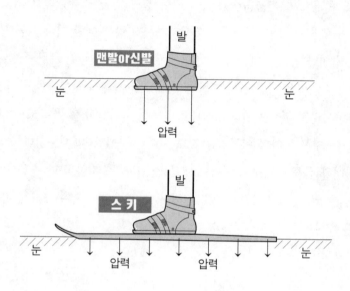

▌스키가 미끄러지는 원리

그렇다. 스키는 압력의 적절한 흩어짐을 통해 눈 위에 서 있을 수가 있다. 그렇다면 스키가 설원 위를 바람을 가르듯이 사악사악 상쾌하게 질주할 수 있는 것은 어떤 원리에 기인하는 것일까? 다시 말해서, 스키가 가늘한 두 선을 눈 위에 실포시 긋듯이 평행한 자국을 남기며 신나게 앞으로 나아갈 수 있는 것은 대체 어떤 원리 때문이란 말인가?

여기에는 두 가지 요인이 복합적으로 어우러져 있다. 하나는 복빙 현상이고, 다른 하나는 마찰열이다.

얼음에 압력을 가하면 온도가 상승하여 힘을 받은 부위가 일시적으로 녹았다가 압력을 제거하면 딱딱한 얼음으로 되돌아간다. 이것은 간단한 실험으로 확인이 가능하다. 냉동실에서 얼린 얼음 조각을 손가락으로 꾹 누르면 그 부분이 녹아 들어갔다가 손가락을 떼면 이내 얼음층으로 다시 변한다.

이처럼 압력을 가하면 녹는 점이 낮아지는, 그래서 얼음이 물이 되고 압력이 사라진 후에는 원래의 상태로 복귀하는 현상이 복빙(復氷)이다.

무지막지한 빙하가 이동하는 것도 이러한 복빙 현상 때문이다. 크기가 거대한 만큼 내리누르는 힘도 대단해서 빙하가 접한 바닥은 상상 외의 높은 압력을 받게 되고, 그로 인해서 그 부분이 녹으며 빙하를 이동시키는 것이다.

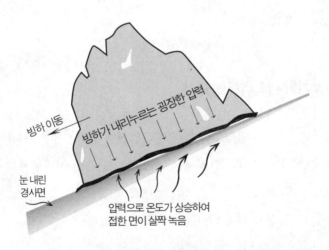

빙하 이동

빙하가 내리누르는 굉장한 압력

눈 내린 경사면

압력으로 온도가 상승하여 접한 면이 살짝 녹음

팽팽한 철사를 얼음에 대고 당기면 얼음 속으로 쑤욱 들어가면서 패인 자리가 다시 얼음층으로 말끔히 복구되는 것, 그릇이나 컵 속에 넣은 얼음 조각을 잠시 후에 꺼내 보면 여러 개가 덩어리지어 붙어 있는 것 등이 다 복빙 현상의 좋은 예이다.

이러한 복빙 현상은 스키가 설원을 자유로이 질주하는 원인이 된다. 즉, 스키를 통해 내리누르는 스키어의 압력이 눈의 온도를 높이고, 그래서 물로 변한 눈 표면이 윤활 작용을 하여 스키를 원활히 움직이게 하는 것이다.

허나 이보다 더 중요한 것이 마찰열이다. 마찰이란 두 물체가 맞비비어지는 것을 뜻한다. 한겨울 손바닥을 마주잡고 비비면 열이 나는 것처럼 모든 물체는 마찰을 하면 열을 방출한다. 그런 이유로 움직이는 스키 바닥과 맞부딪치는 눈 표면도 당연히 마찰열을 낼 것이고, 그 열은 스키가 접촉한 표면의 온도를 상승시켜 눈을 녹인다. 그러면 그렇게 순간적으로 변한 물이 강력한 윤활 작용을 하여 스키의 미끄러짐으로 이어지는 것이다.

마찰열 발생

눈

헌데 여기서 특히 흥미 있는 사실은 스키의 재질에 따라서 스키어의 속도가 현격히 달라진다는 점이다. 1898년 난젠 탐험대가 작성한 북극 횡단 기록에는 다음과 같은 구절이 있다.

"우리는 두 종류의 재질로 제작한 썰매를 갖고 있다. 하나는 니켈이고, 다른 하나는 단풍나무다. 그런데 이상한 현상은 영하 섭씨 40도 근방에 이르자 니켈 썰매의 속도가 현저히 떨어졌다.

이것은 열전도의 차이를 여실히 보여주는 중요한 실례다. 다시 말해, 썰매의 날이 눈과 마찰을 해서 열을 발생시키기는 해도 그 열의 몇 퍼센트가 눈을 녹이는 데 사용되느냐 하는 것은 재질에 따라서 현격히 달라진다는 점이다. 즉, 니켈은 열전도율이 상당히 높아서 적잖은 마찰열이 눈으로 전달되지 못하는 반면, 나무는 그렇지 않아 눈을 상대적으로 많이 녹이고 원활한 윤활 작용으로 이어지게 하는 것이다. 그래서 스키를 만드는 재질은 열전도율이 낮은 물질을 이용하는 것이다.

▌스키 부상

설산을 질주하는 호쾌한 멋은 스키가 지니는 최대의 장점이며 매력이다. 그러나 그런 멋에만 이끌리어 기초 상식 없이 스키를 탔다간 낭패를 당하기 십상이다. 더욱이 스키를 타다가 입는 부상은 다른 스포츠와는 비교가 되지 않는다. 고속으로 이동하며 당하는 부상이어서 장시간 고생을 하는 경우가 적잖다.

우선 재미 있는 사실은 스키어의 부상자를 보면 남성이 여성의 거의 두 배에 육박한다는 점이다. 남성이 여성보다 상대적으로 스피디한 쾌감을 강하게 원하기 때문이다. 그리고 스키 부상자의 상당수는 경력 1년 미만의 초보자이고, 부상을 당하는 부위는 다리가 70퍼센트이며, 나머지는 팔과 복부와 몸통 머리의 순이다. 하지 중에서는 특히 무릎 언저리 부상이 절반 가까이나 되며 정강이, 발과 발목, 대퇴부가 그 뒤를 잇는다. 상체 쪽은 어깨 부상이 가장 흔한데, 20세 이전에 어깨 탈골이 일어나면 재발 가능성이 높으므로 첫 치료 때 주의를 기해서 각별한 신경을 써야 한다. 관절이 삐는 경우(염좌)가 가장 많고, 그 다음이 골절이다. 손가락 부상은 엄지가 가장 심하다. 스키 폴을 쥐고 넘어지기 때문인데, 그래서 폴을 쥘 때는 손잡이 끈을 손목에 걸치고 끈과 폴을 함께 말아 쥐어야 한다.

또한 스키어의 플레이트 날이 넘어진 사람의 손등을 스치고 지나가서 인대가 끊어지는 경우가 종종 일어나는데, 스키장에선 두툼하고 질긴 장갑을 가급적이면 껴야 하는 이유다.

장비와 관련해서는 플레이트와 부츠를 연결하는 바인딩이 활강 중에 풀리게 되면 의외의 큰 부상을 입곤 한다. 하지만 넘어질 때는 바인딩이 잘 풀려야 신체 부상을 줄일 수 있는데, 활강 중에 넘어져서 다친 스키어의 60% 남짓이 바인딩의 한 쪽이 풀리지 않은 경우다.

스키 사고는 오전보다 오후에 빈번히 발생하는 바, 15~17시 사이에 빈도가 가장 높다. 그 시간대는 스키어의 피로가 쌓이는 시간인데다 기온 상승으로 인해 눈이 녹아 회전력이 크게 떨어지기 때문이다. 동일 슬로프에서도 오전과 오후 눈 표면의 상태가 다른 이유다.

█ 백내장 조심

스키장에서 입는 부상은 골절 등의 외상이 대부분이지만, 빛의 반사로 인한 눈 부상도 간과할 수가 없다. 그래서 스키장에선 고글이라고 하는 눈안경을 필수적으로 착용한다.

자외선이 수정체에 닿으면 DNA에 심각한 영향을 끼치고 단백질 구조를 변형시켜서 백내장을 유발한다. 백내장은 수정체가 뿌옇게 흐려져서 시력에 장애가 생기는 질환이다. 햇빛에 2배 이상 노출되면 백내장 발생률은 1.6배 가까이 증가하는 것으로 알려져 있는데, 설원은 지면에 비해 특히 자외선을 3~4배나 더 많이 반사한다.

품질이 우수한 선글라스는 99% 이상의 자외선 차단 효과가 있으며, 챙이 있는 모자를 쓰는 정도로도 눈으로 다가오는 자외선의 절반 가량을 줄일 수가 있다.

▍스키 부상 예방법

스키를 타다 입은 부상은 함부로 손을 대선 안 된다. 다친 부위를 마구 비틀거나 건드리면 오히려 부상을 악화시킬 수가 있기 때문이다. 환자를 안정시킨 후에 부목을 대거나, 보조 도구로 상처 부위를 고정시키고 병원으로 후송해야 한다.

스키 부상을 예방하는 방법은 대략 다음과 같다.

1. 모든 운동이 다 그렇지만, 스키도 갑자기 타게 되면 심폐 기능과 관절에 무리가 온다. 그래서 스키를 타기 전에는 스트레칭을 포함한 간단한 준비 운동이 필요하다.
2. 바인딩, 폴, 장갑, 고글, 스키복의 상태를 철저히 점검한다.
3. 초보자는 실내 스키장에서 기초 훈련과 사전 연습을 충분히 한다.
4. 자신의 수준에 맞는 슬로프에서 스키를 탄다.
5. 피로를 느끼면 스키 타기를 중지한다.
6. 자세가 흐트러지면 체중을 엉덩이 쪽으로 실으며 옆으로 천천히 주저앉는다.
7. 술을 마신 상태에서는 순발력과 판단력이 현격히 떨어지므로 스키를 절대 삼가해야 한다. 이는 음주 운전을 하지 않아야 하는 것과 하등 다를 바 없다.

놀이 동산의 탈 것
놀이 동산의 과학

▌롤러코스트 1

"놀이 동산의 꽃이 뭐라고 생각하세요?"

놀이 동산을 찾은 사람에게 이렇게 물으면 그는 주저없이 다음과 같이 대답할 것이다.

"롤러코스트에요."

그렇다. 놀이 동산의 꽃이 롤러코스트라는 데 이견을 달 사람은 거의 없다. 짜릿한 쾌감과 전율을 일으킬 듯한 스릴을 마음껏 만끽할 수 있는 모든 극적인 요소가 그 속에 전부 포함돼 있는 까닭이다. 이러한 롤러코스트가 운동하는 과정에는 두 가지의 커다란 물리적 현상이 담겨 있다. 하나는 역학적 에너지 보존 법칙이고, 다른 하나는 원심력과 구심력의 평형 관계이다.

우선, 역학적 에너지의 보존 법칙에 관해서 알아보자.

역학적 에너지란 운동 에너지와 위치 에너지를 가리킨다. 운동 에너지는 말 그대로 물체가 운동을 하면서 갖는 에너지로 속도가 빨라지면 빨라질수록 커진다. 그리고 위치에너지는 높이에 따라서 달라지는 에너지로 물체가 높은 곳에 있을수록 큰 에너지를 얻게 된다.

이 두 에너지는 롤러코스트가 운동하는 내내 수시로 바뀌게 된다. 즉, 롤러코스트가 높은 곳에 올라가면 위치 에너지는 증가하지만, 속도는 느려져서 운동 에너지는 감소하게 된다. 반대로 롤러코스트가 낮은 곳으로 내려오면 위치에너지는 작아지는 반면, 운동에너지는 속도가 빨라져서 증가하게 된다.

하지만 여기서 중요한 것은 철로의 높이에 따라서 위치에너지와 운동에너지가 이처럼 끊임없이 변해도 이 두 에너지를 합한 값은 항상 일정하다는 사실이다. 이렇게 말이다.

위치 에너지 + 운동 에너지 = 일정

다시 말해서, 높이가 낮아져서 위치 에너지가 감소하면 그것이 사라져서 완전히 없어진 것이 아니라 다만 에너지의 상태가 변하여서 운동 에너지를 증가시키는 데 사용되었다는 뜻이고, 속도가 느려져서 운동 에너지가 떨어지면 그것이 다시 위치에너지를 높이는 데 이용되었다는 말이다.

이와 같은 역학적 에너지의 보존 법칙(위치에너지+운동에너지=일정)이 운동 내내 깨지지 않고 유지되기 때문에 롤러코스트가 궤도를 일주할 수가 있는 것이다.

▌롤러코스트 2

롤러코스트를 보면서 가장 의아스럽고 신비스럽게 느껴지는 것이 수직하게 높이 세워진 대형 원형 궤도이다.

"저 궤도를 무사히 회전할 수 있을까?"

롤러코스트를 승차하기에 앞서, 둥근 궤도를 보고 나면 누구나 한 번쯤은 미심쩍어 이렇게 품어 보는 의문이다.

'궤도를 오르다가 롤러코스트가 뒤로 밀려 내려오는 건 아닐까?'

'원형 궤도 꼭대기에서 롤러코스트가 지상으로 그대로 떨어지는 건 아닐까?'

그러나 빠르게 움직이는 롤러코스트는 우리의 이러한 우려를 말끔히 씻어내며 원형 궤도를 사뿐히 회전한다.

그렇다면 롤러코스트는 어떻게 해서 겉보기에는 위험천만한 이러한 원형 궤도를 무사히 넘을 수 있는 걸까? 이것은 원심력과 구심력이 팽팽히 맞서기 때문이다.

물체가 회전하면 두 가지 힘이 생긴다. 하나는 바깥으로 뻗어 나가려고 하는 원심력이고, 다른 하나는 안쪽에서 끌어들이는 힘이다. 두 힘이 같을 때 물체는 보기 좋게 원을 그리며 무사히 회전을 할 수 있게 된다. 그러나 원심력과 구심력이 평형을 이루지 못하고, 어느 한 쪽이 강해지면 더 이상의 원 운동은 불가능하게 된다.

우선, 원심력이 구심력보다 강하면 물체가 밖으로 뻗어 나가려는 힘이 구심력보다 더 커지게 된다. 그러면 롤러코스트는 당연히 원형 궤도를 뚫고 밖으로 뛰쳐나가려는 힘이 증가하게 돼 정상적인 운항을 할 수가 없게 된다.

반대로, 원심력이 구심력보다 약하면 안으로 향하는 힘이 원심력보다 더욱 커지게 된다. 그러면 롤러코스트는 원형 궤도 내부로 쏠리는 힘을 크게 받게 돼, 이 또한 궤도 이탈로 이어지고 정상적인 움직임이 가능하지 않게 된다.

원심력 = 구심력

이와 같은 팽팽히 맞서는 힘의 관계가 원형 궤도의 어느 지점에서나 어긋나지 않고 유지될 수가 있기 때문에 롤러코스트가 원형 궤도를 이탈하지 않고 무사히 대원을 그리고 출발지점으로 되돌아올 수가 있는 것이다. 단, 단순화하기 위해 여기서는 구심력에 줄력이 포함된다고 생각하였다.

▌왕문어춤

학교 운동장에는 뺑뺑이가 있다. 그걸 신나게 뱅글뱅글 타고서 내리면 세상이 빙글빙글 도는 듯한 느낌에 한동안은 중심을 잡지 못하기가 일쑤다. 더구나 그 어지러움 증세가 심하다 보면 구토까지 이어지게 된다. 이러한 경험을 누구나 한 번쯤은 갖고 있다. 그래서 놀이 동산의 왕문어춤을 마주하게 되면 불현듯 그러한 기억을 떠올리며 주춤거리게 된다.

"굉장히 어지럽겠지."

하지만 그러한 예상과는 달리 왕문어춤을 타고 내렸는데도 보통의 정상인이라면 별다른 어지러움을 느끼지 않는다.

솔직히 말해서, 돈을 내고 타는 것인데 머리가 어질어질하고 구토 증세까지 느끼게 된다면 누가 왕문어 춤을 타겠는가? 뺑뺑이 못지않게 회전을 했는데도 불구하고 그다지 어지러움을 느끼지 않는다는 것, 그것이 바로 왕문어 춤이 비밀스럽게 갖고 있는 매력이 아니겠는가?

왜 그럴까? 대체 왕문어 춤에는 어떤 비밀이 숨어 있길래 빙긍빙글 적잖은 회전을 하고 나서 땅바닥에 발을 내디뎌도 뺑뺑이와는 달리 별 어지러움을 느끼지 않는 걸까?

여기에는 회전의 비밀이 숨어 있다.

우리 몸에서 중심을 잡는 기관은 귓속의 세반고리관이다. 인체가 회전을 하면, 세반고리관 속 림프액이 한 쪽으로 쏠리게 된다. 이것이 휘청거리지 않고 수평을 이루고 있어야 중심을 제대로 잡을 수가 있는데, 이것이 한 쪽으로 쏠리다 보니 어지러움을 느끼게 되는 것이다.

그렇다면 어떻게 해야겠는가?

그렇다. 세반고리관 속 림프액이 한 쪽으로 쏠리는 걸 막기 위해서 서로 엇갈리는 두 방향의 회전을 해 주면 될 터이다. 그래서 왕문어 춤을 탄 사람이 반대 방향의 두 회전을 동시에 맛보게 하는 것이다. 다시 말해서, 문어발 끝에 매달린 의자를 일률적으로 한꺼번에 회전시키는 방향과, 이와는 반대 방향으로 각각의 의자를 돌리는 방향이 서로 정반대인 회전을 동시에 경험하는 것이다.

▌범퍼카

놀이 동산의 범퍼카 타는 곳에 도착하면 사방에서 연이어서 들리는 충돌음을 듣게 된다. 범퍼카끼리 맞부딪치는 소리를 말이다.

"꿍!"

"꽝!"

귀로는 이러한 소리를 끊임없이 들으면서 두 눈으로는 범퍼카의 충돌 장면을 유심히 살펴보고 있노라면 재미있는 사실을 발견하게 된다.

'충돌 후의 변화는 왜 일률적이 아닐까?'

즉, 범퍼카가 충돌한 후에 왜 운동 상태는 일정하지 않고, 다양한 여

러 모양을 띠느냐는 것이다. 다시 말해서, 범퍼카끼리 충돌을 하긴 했는데, 왜 어느 경우는 양쪽 범퍼카가 모두 부딪친 채로 정지해 있고, 어느 경우는 한 쪽 범퍼카는 정지해 있는 반면 다른 범퍼카는 뒤로 튕겨 나가는 것이며, 또 어느 경우는 양쪽 범퍼카가 모두 옆으로 빗기어 나가느냐는 것이다.

범퍼카가 충돌한 후 이런 갖가지 양상을 보이는 데는 운동량 보존이라고 하는 법칙이 자리잡고 있다. 운동량 보존법칙이란 물체가 충돌했다고 해서 운동량이 사라지는 것이 아니라 충돌 후의 운동량과 충돌 전의 운동량이 변함이 없다는 뜻이다. 이렇게 말이다.

충돌 전의 운동량 = 충돌 후의 운동량

운동하는 물체 사이에 이러한 보존 법칙이 관계하는 까닭에 물체가 충돌 후에도 여러 다양한 운동 양상을 띠게 되는 것이다. 예를 들어, 정지해 있는 범퍼카에 다른 범퍼카가 힘차게 달려와서 정면 충돌하고 서

버리면 멈춰 있던 범퍼카는 더 이상 정지해 있지 못한다. 왜냐하면 움직인 범퍼카가 충돌 후 정지하면서 운동량을 잃었는데, 그걸 받은 범퍼카가 계속해서 멈춰 있다면 그건 운동량 보존 법칙에 위배되기 때문이다. 그래서 정지해 있던 범퍼카는 얻은 만큼의 운동량으로 내달리게 되는 것이다.

그 외의 충돌 후 모습은 범퍼카가 달려와서 완전 정면 충돌을 했느냐, 아니면 옆쪽을 살짝 스치고 지나갔느냐 등등의 여러 상황을 정밀하게 분석해서 얼마만큼의 운동량을 서로 주고받았느냐에 따라서 다양한 결과를 보이게 된다.

▌마법의 양탄자

안전 벨트를 꼭 매주세요!

놀이 동산에 설치된 여러 놀이 기구 중에서 어느 것이 이와 같은 주의 사항으로부터 완벽하게 자유로울 수 있겠는가? 다만 경중에 차이가 있을 터인데, 모르긴 몰라도 마법의 양탄자는 이러한 중요성이 한층 더한 놀이기구라고 볼 수 있을 터이다.

양탄자 모양으로 제작한 탈 것이 공중에 매달린 채 수평을 유지하면서 시계 방향이나 반시계 방향으로 휘익휘익 회전하는 놀이 기구가 마법의 양탄자다. 마법의 양탄자가 빙글빙글 돌게 되면, 그 속에 탄 사람들도 마법의 양탄자와 함께 회전하는 상태에 놓이기 때문에, 그들은 원심력을 느끼면서 바깥으로 쏠리는 힘을 강하게 받게 된다.

알다시피, 원심력은 밖으로 뛰쳐 나가려는 힘이다. 그러므로 아무런 고정 장치가 돼 있지 않은 상태에서 회전을 시작했다면 마법의 양탄자는 동화 속 그림처럼 허공을 향해 순식간에 휘이익 하며 날아오를 것이다.

하지만 이 놀이 기구는 이름만 마법의 양탄자이지 동화 속 이야기처럼 그렇게 자유자재로 공중을 날아다닐 수 있는 것이 아니다. 실제로 그렇게 날아오르면 그 속에 탄 승객들이 돌이키기 어려운 크나큰 불상사를 맞게 된다. 그래서 양탄자의 양쪽 중간 부근 언저리를 회전 축으로 꼬옥 붙들어 매어서 고정시키는 것이다. 이 회전 고정 축이 일차적으로 양탄자의 원심력을 상쇄하는 구심력 역할을 하게 된다.

하지만 그렇게 했다고 해서 안전 장치가 다 끝난 것은 아니다. 왜냐하면 또 하나의 구심력이 필요하기 때문이다.

마법의 양탄자가 회전을 하면서 생기는 원심력은 놀이 기구 자체뿐만 아니라 양탄자에 탑승한 사람에게도 그대로 전해진다. 그래서 그들을 꽉 붙들어 매주는 안전 장치 없이 그냥 좌석에 앉았다간 마법의 양탄자를 그대로 벗어나 땅바닥으로 떨어지는 불행한 상황이 빚어지게 된다.

이러한 예견되는 사태를 사전에 미리 방지하기 위해서 내놓는 주의사항이 바로 안전 벨트를 꼭 매고 확인하라는 것이다. 이때 몸에 착용하는 안전 벨트가 두 번째의 구심력 역할을 충실히 수행하는, 이름하여 내 생명을 담보하는 확실한 장치가 되어 주는 것이다.

▌후룸라이드

우리 주변에는 마찰과 저항이 곳곳에 산재해 있다. 아니, 마찰과 저항이 없는 곳을 찾는 것이 불가능에 가깝다고 하는 편이 더 나을 터이다.

그래서 우리 인류는 이러한 마찰과 저항을 유용하게 이용하는 방법을 고민해 왔다. 비행기나 자동차의 앞머리를 유선형으로 제작하고, 빡빡한 기계 사이에 기름칠을 하면 움직임이 부드러워진다는 발견이 그 좋은 예일 터이다. 그리고 그러한 예를 놀이 동산에서 찾아본다면 후룸라이드를 빼놓고 말할 수는 없을 터이다.

후룸라이드는 배를 타고 낙차가 있는 수로를 이동하면서 짜릿한 전율을 마음껏 향유하는, 흔히 급류타기 배라고 부르는 놀이 기구다.

후룸라이드를 움직이게 하는 기본 원동력은 물이다. 높은 수로 위에 우뚝 올라선 후룸라이드를 그냥 출발시키면 매끄러운 운항이 어렵다. 왜냐하면 후룸라이드가 미끌어져서 내려오는 내내 배의 밑바닥과 수로의 표면이 맞닿으면서 마찰이 끊이지 않을 터이기 때문이다.

그렇게 해서 생긴 마찰은 후룸라이드가 내려가는데 큰 지장이 될 뿐만 아니라 심할 경우에는 마찰열이 발생해서 배의 밑바닥과 수로의 표면이 손상을 입는, 그래서 부정적인 사태를 초래할 수도 있는 일일 터이다.

이러한 난점을 산뜻하게 해결하기 위해서 생각해 낸 것이 수로에 물을 흘리는 방법이다. 물은 저렴한 데다가 어디에서나 손쉽게 구할 수가 있는 액체여서 후룸라이드와 수로의 마찰을 줄이는 윤활제로는 더없는 안성맞춤의 소재이다.

더불어서 물의 중요한 또 하나의 작용은 마찰에 의한 저항도 감소시켜주면서 또한 최종 목적지에 이르렀을 때 후룸라이드의 속도를 줄여준다는 데 있다.

　후룸라이드가 거칠 것 없이 수로의 비탈을 죽 내려오면 속도가 빨라질 수밖에 없다. 왜냐하면 수로의 높이만큼의 위치에너지가 운동에너지로 전환되어서 그만큼의 에너지를 얻은 후룸라이드의 속도가 증가할 수밖에 없을 터이기 때문이다. 그렇게 된다면 경사면을 다 내려온 후룸라이드의 속도는 상당한 빠르기에 이르게 된다.

　그런데 그렇게 상승한 속도를 그대로 유지한 채 후룸라이드가 평평한 수로를 계속 달리게 되면 속도를 이기지 못하고 수로를 이탈하거나, 배 안의 사람이 밖으로 튕겨나가는 등의 불행한 사태가 빚어질 수도 있다. 그래서 경사면을 다 내려온 후룸라이드의 속도를 줄일 필요가 있는데, 그때 평평한 수로를 흐르는 물이 저항체로 작용하면서 후룸라이드의 속도를 감속시켜 주는 역할을 톡톡히 해내는 것이다. 이처럼 물은 후룸라이드라는 놀이기구에게는 더없이 유용한 존재인 셈이다.

3 장
곳곳에 스미어 있는 물리 2

비가 내리는데 달릴까, 말까 / 평균화의 중요성

악덕 사채업자의 최후 / 거리와 단위 개념의 중요성

추락하는 원숭이의 운명 / 포물선 운동

지우는 것이냐, 떼내는 것이냐 / 매끄러움과 흡착

만물 장수의 수수께끼 / 물질의 궁극

생각이 낳은 깨달음 / 도구의 물리

인류가 있는 한 함께할 수밖에 없는 것 / 통신

색의 바람 / 에너지와 결합 파괴

무늬만 살균기 / 자외선의 역할

유리의 비밀 / 무정형 물질

비가 내리는데 달릴까, 말까
평균화의 중요성

▌마른 하늘의 날벼락

Mr. 퐁 노인이 기상 정보에 그다지 신임을 두지 못하게 된 데에는 한두 번이 아닌 곤란한 상황을 겪고 난 뒤부터였다.

한 번은 막내딸 결혼식이 있는 날이었다. 야외 결혼식이었다. 야외라곤 하지만 흔히 떠올리는 그런 호사스러운 결혼식이 아니었다. 양가 합의 하에 부랴부랴 결혼 날짜는 잡아 놓았지, 실내 예식장은 이미 서너 달 전부터 예약이 다 끝난 상태였지, 해서 피치 못해 야외에서 치르는 조촐한 결혼식일 뿐이었다.

그 날도 모든 언론 매체들은 온종일 햇살이 따갑도록 내리쬘 것이라고 확답하듯이 전했다. Mr. 퐁 노인 또한 역술가에게 적지않은 사례비를 주고서 알아본 결과도 그와 크게 다르지 않았다. 물론 그가 점 집을 찾아간 주 목적이 그 날의 일기를 살펴보기 위함이 아니라 막내 딸과 사위의 금실을 미리 알아보고자 함이었지만 말이다.

그래도 혹시나 싶은 마음에 Mr. 퐁 노인은 결혼식장으로 출발하기에 앞서 기상청으로 전화를 넣어보기까지 했다.

"오늘 비 올 가능성은……."

"전혀 없습니다."

기상 요원은 Mr. 퐁 노인의 말을 중간에서 자르는 자신감을 보이면서까지 이렇게 대답했다.

"그래도 우산을……."

Mr. 퐁 노인이 다시 물었다.

"우산은 절대 필요 없습니다. 비가 올 확률은 0%니까요."

기상 요원이 말했다. 더 이상의 유사한 질문은 받아들이지 않겠다는 딱 부러짐이 그 속에는 담겨 있었다. 그래도 의구심을 완전히 떨어내지 못한 Mr. 퐁 노인, 마지막으로 다시 한 번 묻지 않을 수 없었다.

"오늘 제 딸 결혼식이 야외에서 있어서 그러는 겁니다, 비가……."

"결혼식이 몇 십니까?"

기상 요원이 다소 짜증스럽다는 듯이 물었다.

"오후 한 십니다."

Mr. 퐁 노인은 빚이라도 지고 도망다니는 죄인처럼 말꼬리를 낮추었다.

"그 시간에 비가 단 한 방울이라도 떨어지면 제 열 손가락 모두에 장을 지지겠습니다."

그것으로 끝이었다. 안심이었다. 기상 요원이 그렇게까지 호언장담을 했는데, 설마 비가 내리겠는가 싶었다.

　Mr. 퐁 노인은 막내 딸의 손을 꼬옥 잡고 발이 꼬일라 드레스가 겹칠라 조심스러이 한 발 한 발 주례 쪽으로 내딛었다.

막내 딸의 걸음걸이는 새 인생에 대한 설렘에 가벼이 들떠 있었다. 하지만 Mr. 퐁 노인의 발걸음은 자식을 떠나 보내는 아쉬움에 다소 내려앉아 있었다. 자식과 부모의 마음은 그렇게 다른 것이었다. 그러나 오늘은 좋은 날, 슬픈 표정을 지어서는 절대로 안 되는 날, 멘델스존의 결혼행진곡이 Mr. 퐁 노인의 그런 기분을 겉으로나마 보상해 주기 위해 경쾌히 울려 퍼지고 있었다.

Mr. 퐁 노인이 성큼성큼 다가온 사위에게 살포시 쥐고 있던 막내 딸의 왼손을 건네 주려는 순간 우려했던 일이 그만 터지고야 말았다.

비가 온 것이다. 빗방울은 조짐도 없이 그렇게 급작스러이 나타나더니 산탄처럼 무자비하게 떨어지며 결혼식장을 마구마구 휘적시었다.

이러지도 저러지도 못하는 상황이 긴박하게 이어졌다.

▌뛰어야 하나?

야외에 있다가 마주하는 당혹스러운 일 중의 하나가 이처럼 햇볕이 쨍쨍 내리쬐던 마른 하늘에서 갑자기 빗방울이 쏟아지는 경우일 터이다. 비가 온다는 예보가 없어서 우산을 준비하지 않았는데, 무방비 상태에서 후두둑 떨어지는 빗방울을 맞게 되면 어찌할 바를 모르는 게 당연하다.

이때 그냥 걷는 것이 좋을까, 달리는 것이 좋을까?

어떤 사람은 그냥 걷는 편이 낫다고 한다.

"뛰나 안 뛰나 비를 맞는 양은 마찬가진데, 뭐 하러 힘들 게 달립니까?"

반면 어떤 사람은 뛰는 게 유리하다고 말한다.

"달리면 힘은 들지만, 시간을 절약할 수 있잖아요. 그러니까 당연히 걷는 것보다 비를 맞는 양도 적지 않겠어요."

어느 쪽의 주장이 더 설득력이 있을까?

결론부터 말하면, 달리는 쪽이 비를 더 적게 맞는다.

그 이유를 알아보자.

▌조건이 같다면 시간이 중요

어느 지역에 비가 내린다고 하는 것은 그 일대에 빗방울이 고르게 떨어지는 것을 의미한다. 즉, 내 오른쪽에는 폭우성 강우가 내리고, 왼쪽에는 부슬부슬 안개비가 내리는 그런 경우를 일컫지는 않는단 말이다.

그리고 빗방울이 낙하하는 것에 대해 한 마디 더 이야기하면, 빗방울이 지상으로 떨어지는데 폭우처럼 쏟아지다가 갑자기 뚝 멈추고 다시 강우가 되는 식의 반복을 순간순간 하지 않는다. 다시 말해서, 걸어갈 때에는 빗방울이 거세어지고, 달리기 시작하면 약해지는 식으로 비가 오지 않는다는 말이다.

그렇다면 생각해 보자. 걷는 경우와 달리는 경우 중에서 동일 시간에 내 몸을 때리는 빗방울의 개수가 많은 쪽은 어느 것이겠는가?

그렇다. 비가 땅으로 하강하는 속도도 일정하고, 지역에 따라서 내리는 양도 차이가 거의 없으니 몸에 와 닿는 빗방울의 개수는 뛰나 걸으나 엇비슷하게 된다. 그렇다면 당연히 시간을 절약하는 쪽이 비를 적게 맞을 터이다. 비가 내릴 때 뛰는 것이 비를 적게 맞는 이유다.

걸으나 달리나 비의 낙하속도는 일정하고
비의 양도 다르지 않다

악덕 사채업자의 최후
거리와 단위 개념의 중요성

▌들뜬 악덕 사채업자

햇살이 아프도록 따가운 날이었다.

"잘 다녀오세요."

아내의 살가운 배웅을 받으며 악덕 사채업자가 집을 나섰다. 그런데 채 10여 분이나 지났을까, 그가 후다닥 집으로 달려 들어오는 것이었다. 그의 아내는 '잊고 간 것이 있구나' 라고 그렇게 간단히 생각을 했다. 그러나 그게 아니었다.

그는 집안 청소를 하고 있던 아내의 손목을 잡아 끌다시피 하여 거실 의자에 앉혔다.

"마누라, 살다 보니까 이렇게 좋은 일도 다 있구려."

그가 아내의 손을 꼬옥 감싸 쥐었다.

"대체 무슨 일인데요."

그의 아내는 뭐가 뭔지 모르겠다는 표정이었다.

"우리 가족은 이제 일하지 않고도 평생을 호의호식하면서 살 수 있게 되었소. 꿈도 꿔 보지 못한 횡재를 하게 되었단 말이오."

그는 아직도 흥분이 채 가라앉지 않은 목소리로 말했다.

"궁금하잖아요. 자세히 좀 말해 보세요."

그의 아내가 재촉했다.

그가 횡재수도 이런 왕 횡재수가 없다면서 아내를 데려다 놓고 호들갑을 떤 자초지종은 이러했다.

▋사건의 자초지종

그가 마을 앞 개울을 건너기 위해서 바지 깃을 둘둘 말아 걷어 올리고 있는데, 겉보기에도 돈이 많아 보이는 세련된 차림의 중년 남자가 천천히 다가와서는 자신을 소개하는 것이었다.

"저는 Mr. 퐁이라고 합니다."

그리고는 대뜸 이렇게 말을 잇는 것이었다.

"당신과 거래를 하고 싶습니다."

"거래라니요?"

"당신에게 매일 금 덩어리를 드리겠습니다."

"금 덩어리를 준다구요?"

그의 눈이 휘둥그래졌다.

"하지만 그냥은 아닙니다."

Mr. 퐁은 일단 거기까지 말을 건네었고, 가방에서 번찍번찍하는 순금 덩어리를 꺼내어서 보여 주었다.

"절대 가짜가 아닙니다."

"제가 한 번 만져 봐도 될까요?"

"그러세요."

Mr. 퐁이 그에게 금덩이를 건네주었다.

직육면체 모양의 순금덩이를 받아 든 그는 황홀하게 빛나는 여섯 개 면 모두를 꼼꼼히 살피며 부드럽게 어루만졌다.

'흠도 없고……, 족히 10㎏은 넘겠는 걸.'

언감생심. 그러나 손에 들고 있는 것이 순금덩어리라는 것을 확실히 확인한 그로서는 끓어오르는 욕망을 더는 참을 수가 없었다.

"저에게 금 덩어리를 준다고 하셨는데 이걸 준다는 말씀입니까?"

Mr. 퐁을 바라보는 그의 두 눈동자는 이미 이글이글 타오르는 탐욕으로 불타오르고 있었다.

"그렇습니다."

'오, 이게 꿈이냐 생시냐!'

그는 곧이라도 감격의 눈물을 흘릴 기세였다.

"그뿐이 아닙니다."

"그뿐이 아니라면……."

그가 넋 나간 사람처럼 그를 쳐다보았다.

"매일매일 이만한 금 덩어리를 한 달간 계속 드리겠습니다."

"한 달간이나요!"

그는 자신의 볼을 꼬집어 보았다. 아팠다. 분명 꿈은 아니었다.

'저만한 금 덩어리 하나만으로도 평생이 풍족할 텐데, 30개가 절로 굴러 들어오다니. 이게 웬 황금 벼락이냐!'

162

그는 벌어진 입을 닫을 줄 몰랐다.

"다만, 당신은 눈꼽만큼의 대가만 저에게 지불하면 됩니다."

Mr. 퐁이 덤덤하게 말했다.

"눈꼽만큼……."

그는 환희에 찬 미소를 안면 가득히 머금었다. 그리고는 더 이상의 말이 필요없다는 표정이었다. 그의 두 눈은 황홀히 빛을 내뿜는 순금 덩어리에 푹 빠져 버렸다.

"대가라면, 구체적으로?"

그가 순금 덩어리를 가슴에 꼬옥 껴 앉으며 물었다.

"제가 이 금 덩어리를 드리는 첫 날 당신은 걷든 뛰든 2m를 움직이기만 하면 됩니다."

그는 자신의 귀를 의심했다. 거래가 너무도 자신에게 유리하다고 판단한 때문이었다. 더구나 달리기라면 누구보다 자신 있는 그였다.

Mr. 퐁이 말을 계속했다.

"그리고 다음 날에는 첫 날의 두 배, 그 다음 날에는 둘째 날의 두 배, 다음 날에는 셋째 날의 두 배……. 이런 식으로 그 전날의 두 배 거리만큼만 이동하면 되는 겁니다. 그리고 반드시 꼭 한 달을 채워야 한다는 겁니다."

"좋습니다."

Mr. 퐁의 말이 끝나기가 무섭게 더는 생각할 필요도 없다는 듯이 그는 Mr. 퐁의 제안을 기꺼이 받아들였다. 그리고는 즉석에서 계약서를 쓰고 황급히 집으로 돌아온 것이있다.

▍거래가 시작되다

드디어 Mr. 퐁과 약속을 한 이튿날이 왔다. 어제와 다름없이 이른 아침부터 햇살이 강하게 창으로 쏟아져 내렸다.

"그 사람이 정말 오늘도 금 덩어리를 들고 나타날까요?"

악덕 사채업자의 아내가 창으로 시선을 던지며 물었다.

"그거야 모르지. 하지만 왠지 느낌이 나쁘진 않구려."

그도 내색은 하지 않았으나 초조하기는 아내와 마찬가지였다.

"똑, 똑, 똑."

누군가 문을 두드렸다.

"그가 왔나 봐요."

사채업자의 아내가 벌떡 일어섰다. 그녀가 문을 열어 주려고 하자 그가 황급히 그녀의 팔을 잡았다.

"우리가 황금을 갖고 있다는 걸 알고 찾아온 강도인 줄도 모르잖소."

그가 아내의 귀에 대고 소곤하게 말했다.

그의 아내가 들었던 팔을 내렸다.

"누구십니까?"

그가 문에 다가가 조심스럽게 물었다.

"어제 거래를 하자고 제의한 사람입니다."

Mr. 퐁의 목소리가 틀림없었다.

그는 곧바로 문을 열어 주었고, Mr. 퐁은 성큼성큼 집으로 들어와서 거실 의자에 앉았다.

"어제와 똑같은 금덩이입니다."

164

Mr. 퐁은 의자에 앉기가 무섭게 가방에서 금 덩어리 한 개를 꺼내 놓았다. 그는 금 덩어리를 확인하고, 어제 약속한 대로 2m를 Mr. 퐁이 보는 앞에서 사뿐하게 뛰어 보였다.

Mr. 퐁은 아무 말 없이 가방을 닫고는 벌떡 일어서는 것이었다.

"차라도 한 잔 하시고 가시죠?"

사채업자의 아내가 터져 나오려는 기쁨을 억지억지 참으며 Mr. 퐁에게 권했다.

"바빠서요."

Mr. 퐁은 무뚝뚝하다 싶을 만큼 그렇게 간단히 말을 놓고, 사채업자의 집을 바삐 걸어나갔다.

그렇게 시작된 거래는 하루도 거르지 않고, 다음날도 그 이튿날도 그리고 이튿날도 계속 이어졌다. Mr. 퐁은 매일 그 시간 무렵이면 찾아와서 금 덩어리를 내놓았고 사채업자도 약속을 꼬박꼬박 지켰다.

하루 자고 나면 하나씩 불어나는 금 덩어리를 보는 사채업자 부부의 기쁨은 이루 다 말로 표현하기 힘들었다.

"오, 황금들이여!"

그렇게 일주일이 지나자 적잖은 땅을 다 사고도 남을 만큼의 금이 사채업자 부부의 수중에 들어왔다. 그러나 그들 부부의 기쁨은 끝까지 이어지진 못했다.

▌보름째의 거래

거래가 이어진 지 15일째 되는 날이었다.

Mr. 퐁은 그 날도 같은 시각에 어김없이 찾아와서 금 덩어리 하나를 사채업자 앞에 내놓았다.

"약속한 금 덩어리입니다."

그렇게 금을 건네는 Mr. 퐁의 목소리가 이날 따라 유쾌히 들렸다. 이제는 사채업자가 약속을 지킬 차례였다. 의자에서 일어나는 그의 모습이 너무도 힘겨워 보였다. 그의 다리가 후들후들 떨리고 있었다.

"오늘 제가 당신 앞에서 뛰거나 걸어야 할 거리는……?"

그의 음성은 맥이 없었다.

어제부터 그가 움직여야 할 거리는 10㎞를 넘어서기 시작했다. 첫날은 Mr. 퐁 앞에서 날 듯이 사뿐 뛰어 보인 그였건만, 14일째인 어제 16㎞를 뛰고 난 그의 다리 근육은 아직도 뻣뻣했다.

약속한 거리를 달리고 걷기 위해서 집 밖으로 나가는 사채업자의 등 뒤로 그의 아내가 이렇게 말을 던졌다.

"여보 이제 보름만 참으면 돼요."

그녀는 그렇게 남편을 위안해 주었으나, 이후의 상황은 그들의 바람과는 너무도 어긋나게 돌아가고 있었다.

▌기하급수적으로 늘어난 거리

보름 이후부터 사채업자가 달리거나 걸어야 하는 거리는 기하급수적으로 늘어났다. 15일 다음 날은 65㎞를 움직여야 했다. 이것은 마라톤의 풀 코스보다 긴 거리이다. 그리고 17일째는 서울에서 대전까지의 거리와 엇비슷한 130여㎞를 이동해야 했고, 20일째는 무려 서울에서 부산을 왕복해야 하는 상황을 맞게 된 것이다.

"여보, 오늘은 얼마나 달려야 하오?"

사채업자가 침대에 끙끙대며 누워 있는 채로 물었다.

"……."

그의 아내는 대답을 하지 않았다.

얼마나 되냐니까?

그의 음성은 거의 다 기어들어가고 있었다.

"그게요……."

그의 아내는 거기까지 말을 해놓고 거의 자포자기적 울음을 쏟아 뱉었다.

그 소리를 듣는 그의 얼굴과 입은 동태처럼 꽁꽁 얼어붙어 있었다. 그러나 이건 아직 시작도 하지 않은 거나 마찬가지였다. 지구 한 바퀴는 4만㎞를 웃넘는 거리이다. 이것은 25일과 26일째 그가 이행해야 하는 거리이다. 이 거리를 그가 어찌 하루에 움직일 수 있겠는가 말이다. 더구나 그가 마지막 날 움직여야 하는 거리는 자그마치 1백만㎞를 넘는다. 지구에서 달까지의 거리가 4십만㎞가 못 된다. 그러니 30일째 되는 날 그는 달까지 왕복하고도 넘는 거리를 이동해야 하는 것이다.

첫날은 단지 2m만 움직여도 되었던 거리가 하루가 다르게 기하급수적으로 늘어나서 이렇게 부쩍부쩍 불어난 것이다. 익덕 사채업자의 변변치 못한 거리와 단위 개념 그리고 공간 능력이 벼락부자가 되려 했던 그의 꿈을 산산조각 낸 것은 물론이고, 그를 불귀의 객으로 만들고 만 것이다.

남에게 해악만 끼치는, 그래서 지구에선 더는 살 가치가 없어 보이는 그런 사람을 알고 있다면, '그저 지구를 떠나거라' 라고 말을 하는 데 그치지 말고 이런 계약을 체결하여 아주 사라지게 하는 방법은 어떨는지?

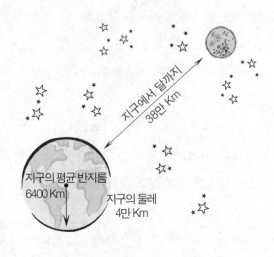

▌악덕 사채업자가 걷거나 달려야 하는 거리

악덕 사채업자가 한 달 동안에 걷거나 달려야 하는 거리가 구체적으로 얼마나 되는지 아래에 적어 보았다.

악덕 사채업자가 걷거나 달려야 하는 거리

1일	2m
2일	2m의 2배(4m)
3일	4m의 2배(8m)
4일	8m의 2배(16m)

5일   16m의 2배(32m)

6일   32m의 2배(64m)

7일   64m의 2배(128m)

8일   128m의 2배(256m)

9일   256m의 2배(512m)

10일   512m의 2배(1,024m)—1㎞ 넘음

11일   1,024m의 2배(2,048m)

12일   2,048m의 2배(4,096m)

13일   4,096m의 2배(8,192m)

14일   8,192m의 2배(16,384m)-10㎞ 넘음

15일   16,384m의 2배(32,768m)

16일   32,768m의 2배(65,536m)

17일   65,536m의 2배(131,072m)-100㎞ 넘음

18일   131,072m의 2배(262,144m)

19일   262,144m의 2배(524,288m)

20일   524,288m의 2배(1,048,576m)-1,000㎞ 넘음

21일   1,048,576m의 2배(2,097,152m)

22일   2,097,152m의 2배(4,194,304m)

23일   4,194,304m의 2배(8,388,608m)

24일   8,388,608m의 2배(16,777,216m)-10,000㎞ 넘음

25일   16,777,216m의 2배(33,554,432m)

26일   33,554,432m의 2배(67,108,864m)

27일   67,108,864m의 2배(134,217,728m)-100,000㎞ 넘음

28일   134,217,728m의 2배(268,435,456m)

29일   268,435,456m의 2배(536,870,912m)

30일   536,870,912m의 2배(1,073,741,824m)-1,000,000㎞ 넘음

추락하는 원숭이의 운명
포물선 운동

▌원숭이의 운명

중력과 포물선 운동은 불가분의 사이다. 이 관계를 가장 멋지게 비유한 유명한 문제가 있다. 일명, '추락하는 원숭이의 운명'이란 것이다.

무더운 여름의 한낮이었다.

'왜 이리 졸립지.'

점심을 먹고 난 바로 뒤여서 그런지 잠이 유성처럼 마구마구 쏟아졌다. 원숭이는 야자수로 올라가 잠을 청했다. 그러기를 한 시간쯤 지났을까? 여전히 곤한 잠에 취한 원숭이는 야자수를 향해 슬금슬금 다가오는 사냥꾼을 의식할 리 없었다.

'그래 가만히 있어라.'

사냥꾼은 탐욕의 눈빛으로 원숭이를 응시하며 조심스레 발걸음을 앞으로 옮겼다.

170

일정 거리에 다가서자 사냥꾼은 사격 때 흔들림을 최소화하기 위해 숨을 깊이 들이마시고 뱉었다. 그리고는 총을 들어 원숭이를 조준했다. 총구는 정확히 원숭이의 심장을 겨누었다. 아교를 발라 놓았는지 사냥꾼의 팔에 의지한 총구는 미동도 하지 않았다. 이제 방아쇠를 당기는 일만 남았다. 그리고 그 후의 일은 밑으로 떨어진 사냥감을 간단히 주워오면 끝이었다.

사냥꾼의 손가락이 방아쇠를 당기려는 순간이었다. 하늘이 도우신 건지 원숭이가 번쩍 눈을 뜬 것이었다.

'저게 뭐야!'

원숭이는 자신의 심장을 겨누고 있는 사냥꾼의 총구를 보고는 기겁을 한 채 어쩔 줄을 몰라 했다. 석고를 부어 굳어 버린 석고상처럼 원숭이는 야자나무에서 벌벌 떨며 애원하는 눈빛으로 사냥꾼의 총구를 응시할 뿐이었다.

그러나 사냥꾼의 손가락은 그런 원숭이의 감정에 조금도 동요하지 않았고, 원숭이의 심장을 향해 총알은 곧게 발사되었다.

"땅!"

방아쇠가 당겨지는 것과 동시에 원숭이도 야자수에서 떨어졌다. 그야말로 "원숭이도 나무에서 떨어질 때가 있다"라는 격언을 확인시켜 주기라도 하듯 원숭이는 그렇게 자유 낙하를 한 것이었다.

낙하한 원숭이의 운명은 어찌 되었을까? 총알이 다행스럽게도 원숭이를 빗나갔을지, 아니면 서글프게도 심장을 관통했을지 그것이 궁금하다.

총알 명중하다

중력의 영향을 받는 것은 원숭이뿐 아니다. 총구를 떠난 총알도 중력 가속도를 받아서 포물선을 그리게 된다.

더불어 중력 때문에 휘어지는 정도는 총알이나 원숭이가 같다. 그러니까 동일 시간에 총알과 원숭이가 낙하하는 거리는 다르지 않은 것이다. 왜냐하면 지구상의 모든 물체는 동등하게 중력을 받아서, 처음 1초

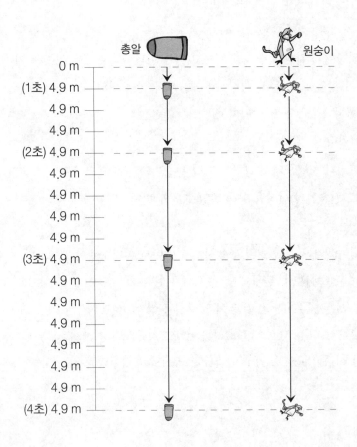

동안은 4.9m, 다음 1초 동안(총 2초간)은 19.6m, 다음 1초 동안(총 3초 간)은 44.1m씩 그 폭을 넓히며 낙하하기 때문이다. 그러니 몇 초가 흘렀건 원숭이의 심장은 사냥꾼이 쏜 총알로부터 해방될 수가 없는 것이다.

만약, 원숭이가 야자수에서 떨어지지 않았다면 원숭이는 총알이 심장을 관통하는 비운을 맞지 않아도 되었을 터이다. 왜냐하면 사냥꾼과 원숭이의 거리가 너무 가까워서 총알이 중력의 영향을 받는 시간이 짧았다면 큰 변화는 없겠으나 그 거리가 상당해서 총알이 비행해 오는 시간이 1초에 버금간다면 총알은 심장에서 4.9m 하강한 점을 그리며 지나갔을 터인 까닭이다.

▌포물선 운동의 비법은 분해

지구상의 모든 물체는 나름의 운동을 한다. 정지(속도가 0인 운동), 등속도 운동, 등가속도 운동 그리고 직선 운동(선형 운동, 1차원 운동)과 곡선 운동(비선형 운동, 2차원 운동)을 한다. 예를 들어, 로켓은 등가속도 곡선 운동으로 포물선 궤도를 그리며 날아간다. 지면에 대해 일정한 각도로 투사한 물체, 이를테면 대포에서 발사한 포탄은 포물선을 그리면서 낙하하는데, 그런 물체를 포물체라고 한다. 이러한 포물체의 운동은 겉보기에는 굉장히 복잡해 보인다. 하지만 이를 간단하게 이해할 수 있는 방법이 있다.

포물체 운동에서 수평과 수지 성분은 신비롭게도 완전히 서로 다른 개별 운동을 한다. 포물체의 수평 성분은 바닥 위를 구르는 공과 같은 직선 운동이다. 즉, 마찰을 무시한 평면 위의 공처럼 추가적 힘을 더 이상 받지 않는 한 등속도로 동일 시간에 동일 거리를 움직이는 등속 운동을 계속하는 것이다.

반면 수직 성분은 자유 낙하하는 물체와 똑같은 운동을 한다. 포물체가 수직으로 받는 유일한 힘은 중력이다. 수평 성분은 포물체를 등속으로 멀리 나아가게 할 뿐 수직 운동에 전혀 영향을 미치지 못하기 때문이다.

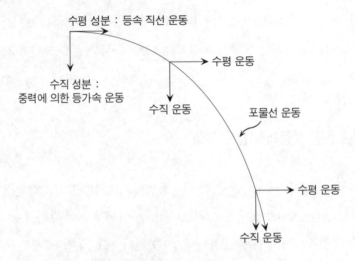

그런 까닭에 포물체는 중력가속도를 받으며 중력 방향으로 낙하하고 그 폭은 점점 길어지는 것이다.

▌장벽은 비선형 이론

포물선 운동에 대해 습득한 지금 우리는 다음 질문에 거뜬히 답을 제시할 수가 있다.

"고층 건물 옥상에서 지면에 평행하게 던진 야구공과, 그 곳에서 동시에 자유 낙하한 골프공의 지면 도달 시간은?"

야구공과 골프공은 수직 방향으로 똑같은 낙하 운동을 하며 동일 시간에 동일 거리를 비행한다. 야구공의 수평 운동은 수직 운동에 아무런 영향을 주지 못하는 탓에 두 공은 동시에 떨어지며 꿍 소리를 내게 되는 것이다. 갈릴레이가 피사의 사탑에서 실험한 것과 똑같이.

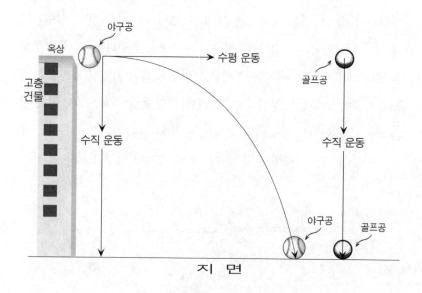

그런데 현실은 이러한 이론적 결과를 한 치의 오차 없이 수용하지는 못한다. 왜냐하면 지상에는 그러한 운동을 방해하는 여러 요소가 존재하기 때문이다. 예를 들면, 공기의 마찰이 가장 대표적인 방해 요소이다.

앞에서 언급한 공식들은 '공기에 의한 저항 효과를 완전히 무시한다'라는 가정 하에서 얻어진 결론이다.

하지만 공기의 마찰과 대기의 흐름을 완전히 무시하고서 자연 현상을 완벽하게 해결할 수는 없다. 그래서 실험을 해서 얻는 결과와 이론적으로 계산한 값이 어쩔 수 없이 오차를 내게 마련인 것이다. 예를 들어, 이론상으로는 물체를 45도로 던졌을 때 가장 멀리 날아가지만 실제로는 그렇지가 않다. 투창 선수들은 39~42도 사이의 각으로 창을 투사한다. 또한 장거리 로켓포는 52도로 발사하는데, 이는 10~12㎞ 상공에 퍼져 있는 제트기류의 흐름에 편승해 비행에 도움을 얻고자 함이다.

과학의 발달이 급속도로 치닫고 있다 보니 과거에는 대충 넘어가도 될 법한 문제들이 지금은 크게 거슬리는 요소가 되었다. 화성에 우주선을 날려 보낼 엄두도 못 낼 시절에는 고민할 필요가 없었던 세세한 문제들이 중요하게 부상한 것이다. 이는 과학 기술 문명이 퇴보하지 않는 한 앞으로 더더욱 두드러져 나타날 것이다. 비선형의 카오스 이론이 근래에 들어와서 크게 각광받게 된 이유가 바로 여기에 있는 것이다.

지우는 것이냐, 떼내는 것이냐
매끄러움과 흡착

▌글씨가 써지는 이유

연필로 그림을 그리거나 글씨를 쓸 때 우리는 그다지 큰 부담을 느끼지 않는다. 선을 잘못 그었거나 그림이 마음에 들지 않으면, 또는 맞춤법에 어긋난 글자를 썼더라도 그걸 깨끗이 지울 수 있는 지우개가 있기 때문이다.

지우개가 이처럼 연필 자국을 쉬이 없앨 수 있는 것은 흡착력 때문이다. 즉, 지우개를 구성하는 주요 성분인 고무, 식물성 기름, 황 등이 어우러져서 연필에서 부서져 나온 흑연 가루를 어렵지 않게 잡아 떼어내는 것이다.

그러면 지우개의 원리를 좀더 구체적으로 알아 보자.

연필심의 주성분은 흑연이다. 그래서 연필로 그림을 그리거나 글씨를 쓰면 연필심이 잘게 부서지면서 흑연 입자가 종이 표면에 남게 된다. 그런데 여기서 생각해 볼 점은 아무런 종이에나 글씨가 다 잘 써지는 것은 아니라는 사실이다. 알다시피, 표면이 매끄러운 종이일수록 글씨가 잘 안 써진다.

이건 무엇을 뜻하는 걸까?

그렇다. 글씨가 잘 써지고 안 써지는 건 연필심의 좋고 나쁨도 무시할 수는 없을 터이지만, 그보다는 종이의 재질이 더욱 큰 영향을 미친다는 점이다.

표면이 매끄럽다는 건 거친 틈이 많지 않다는 의미이다. 중간중간에 울퉁불퉁한 틈(물론, 맨눈으로는 가능하지 않고, 현미경으로 봐야 보이는 그런 틈이지만)이 있어야 가늘게 부서진 연필심의 흑연 가루가 그 사이로 푹 들어가서 글자와 그림을 형성할 수가 있을 텐데 표면이 매끄럽다 보니 그럴 수 있는 여지가 희박해서 글씨가 잘 안 써지는 것이다.

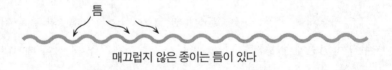

매끄러운 종이는 틈이 없다

매끄럽지 않은 종이는 틈이 있다

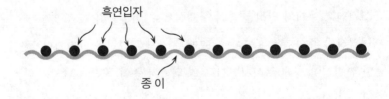

틈

흑연입자

종 이

178

검어진 지우개, 물 묻은 지우개

　그렇다면 연필심에서 부서져 나와 종이에 꽉 달라붙어 있는 흑연 가루를 떼어내기 위해서 지우개는 어떤 능력을 지녀야 하겠는가?

　그야 물론 두말할 필요도 없이 종이가 흑연가루를 붙잡고 있는 힘보다 더욱 강한 흡착력을 가지고 있어야 할 터이다. 다시 말해서, 지우개가 흑연가루를 끌어당기는 힘이 종이가 흑연 입자를 붙잡고 있는 힘보다 더욱 강력해야 한단 뜻이다. 그래야 지우개를 북북 문질러서 글씨 자국을 쉬이 지을 수가 있을 터이다.

　그러니까 지우개로 글씨를 지운다는 뜻은 있던 것을 감쪽같이 사라지게 하는 마술처럼 글씨를 없애는 것이 아니라 종이의 미세한 틈에 꼬옥 붙들려 있는 흑연가루를 지우개 성분의 흡착력을 십분 이용하여 끌어내는 과정인 셈이다. 그래서 글씨를 지우고 나면 흑연 입자가 묻어서 지우개의 표면이 새까매지는 것이다.

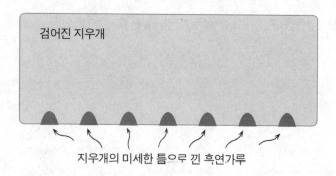

검어진 지우개

지우개의 미세한 틈으로 낀 흑연가루

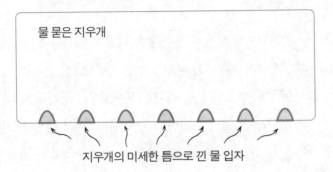

물 묻은 지우개

지우개의 미세한 틈으로 낀 물 입자

지우개의 원리가 흡착력에 있다는 건 물 묻은 지우개를 생각해 보면 확연해진다. 모든 사람이 경험해 본 일일 터이지만, 지우개에 물이 묻어 있으면 글씨가 잘 지워지지 않는다. 아니, 좀더 솔직히 말하면, 잘 지워지지 않는 게 아니라 아예 지워지지 않는다.

이걸 어찌 해석해야겠는가?

그렇다. 물 분자 때문에 지우개가 무용지물이 되는 것이다. 그러니까 지우개에 물이 묻게 되면, 지우개의 미세한 틈 사이 사이로 물 분자가 껴붙게 된다. 그리하여 흑연가루가 달라붙을 공간이 희박해지게 되고, 그래서 물 묻은 지우개로는 글씨가 잘 안 지워지는 것이다.

만물 장수의 수수께끼
물질의 궁극

▌ 만물 장수의 질문

"주민 여러분, 이쪽으로 모여주세요."

토요일 오후면 항시 마을 어귀에 나타나서 보따리를 풀어 헤쳐 놓는 만물 장수. 그가 어김없이 이번 주에도 잊지 않고 모습을 보였다.

"골라잡아 무조건 한 개에 천 원입니다."

덥수룩한 턱수염이 특히 인상적인 만물 장수는 동네 사람을 끌어모으기 위해서 고성능 확성기에 대고 그렇게 외쳐대고 있었다. 그의 그러한 노력은 헛되지 않았다. 하나둘씩 모이기 시작한 사람이 채 10여 분도 지나지 않아서 수십 명에 달했으니까.

그러나 만물 장수의 얼굴은 환해질 수가 없었다. 왜냐하면 모인 사람 대부분이 가정 주부가 아닌 동네 꼬맹이들이었기 때문이다.

"자—자, 애들은 가라—가."

만물장수가 휘익 휘익 팔을 내저으며 말을 뱉었다. 날아드는 파리 떼를 내쫓는 듯한 동작으로.

"아저씨는 뱀장사도 아니면서 맨날 애들만 가래."

"그래 맞아."

사방에서 터져 나오는 아이들의 불평 불만에 급기야 만물 장수의 말문이 탁 막히고 말았다.

'요놈들을 어떻게 내쫓는다?'

만물장수는 생각에 잠겼다.

'맞아!'

만물 장수는 오른손 엄지와 중지를 튕겼다. 딱 소리가 났다.

"자, 자, 이리들 와 봐라. 이 아저씨가 내는 문제를 맞추면 이 장난감 자동차를 줌과 동시에 여기에 있어도 좋다는 허락을 하겠다. 하지만 못 맞출 시에는 얼른 집으로 달려가서 어머님을 모시고 와야 한다."

만물장수가 오른손에 쥔 상품을 아이들 눈앞에 흔들어 보이며 말했다.

"네에—."

아이들이 우렁차게 대답했다.

"여기에 책, 장난감, 바구니, 페인트 붓, CD, LP, 디스켓, 복사용지, 볼펜 세트, 명함 꽂이, 수첩 등등 무수히 많은 물건들이 있잖니?"

"네."

아이들의 호기심에 찬 눈빛이 서서히 욕망으로 이글거리기 시작했다.

"이 모든 것의 공통점이 무엇이냐?"

"……."

전혀 예상치 못한 질문에, 그리고 도무지 답이 없을 듯한 질문에 아이들은 그저 혀를 내두를 뿐 답변을 못한 채 서로의 얼굴만 쳐다볼 뿐이었다.

이들의 공통점은?

공통점은

만물장수가 낸 수수께끼의 공통점은 무엇일까?

언뜻언뜻 생각이 날 듯도 하다구요?

아니, 좀체 감을 잡을 수가 없다구요?

답을 알고 있는 나로서는 입이 간지럽기 그지없지만 벌써 답을 말하기도 그렇고, 그럼, 마지막으로 힌트를 하나 더 드리리다.

책, 장난감, 바구니, 페인트 붓, CD, LP, 디스켓, 복사용지, 볼펜세트, 명함 꽂이, 수첩 등등의 공통점은 겉에 드러나 있지 않고 속에 깊이 박혀 있다.

이 정도면 답을 알아챘으리라 생각하는데.

그렇다. 이들의 공통점은 다름 아닌 '원자'이다.

▎원자에서 쿼크까지

원자의 기원은 고대 그리스의 자연 철학자에서 찾을 수가 있다. 그 중에서도 데모크리토스에 이르러 최고조에 도달했다.

데모크리토스는 이렇게 보았다.

"물체를 계속 자르면 끝없이 나누어지지는 않을 것이다. 어느 정점에 이르게 되면, 더 이상 나눌 수 없는 그 무엇이 나타날 것이다."

데모크리토스는 이러한 생각을 확장해서 우주의 모든 물질이 더 이상 나눌 수 없는 작은 입자로 이루어졌다고 믿었다. 그리고는 그러한 입자를 가리켜서, '더 이상 나누어지지 않는 최소의 입자' 라는 뜻의 그리스어인 '원자(atoma)' 라고 불렀다.

그러나 데모크리토스의 원자론은 반종교적이라는 이유로 받아들여지지 못하고 이내 잊혀지며, 근대에 원자 사상이 다시 부활할 때까지 기나긴 잠을 자야 했다.

그래서일까? 물질의 최소 입자에 대한 개념이 이토록 오래 전에 알려졌음에도 불구하고 아직까지도 물질의 궁극적 실체를 찾아내지는 못하고 있다.

현재까지 찾아낸 가장 작은 입자는 원자 속에 들어 있는 양성자와 중성자 그리고 전자를 뛰어넘어서 쿼크라고 하는 초미립자 수준에까지 도달해 있다. 하지만 쿼크가 물질의 궁극적 입자인지, 아니면 그보다 더 작은 입자가 있는지의 여부는 아직도 확답을 못하고 있는 상황이다.

물 체

분자가 모이면 물체

분 자

원자가 모이면 분자

원 자

원자핵과 전자가 모이면 원자

양성자와 중성자가 모이면 원자핵

쿼크가 모이면 양성자 or 중성자

입자 가속기

생각이 낳은 깨달음/도구의 물리
고민

▌좀더 발전된 고민

만물의 영장일 만큼 인류는 영리하다. 하지만 인류가 처음부터 똑똑한 건 아니었다. 갓 태어난 아기처럼 그들의 지식은 보잘것없었다. 거기에다가 체격이 큰 것도 아니어서 맹수가 우글거리는 자연 속에서의 삶은 상상키 어려울 정도로 힘겨웠다. 기껏해야 땅에 떨어진 돌멩이를 주워 던지며 방어하는 게 고작이었을 테니까.

그러나 인간은 노력했다. 그 힘든 삶을 극복하기 위해서 생각하고 또 생각했다. 처음에는 물건을 끙끙대며 혼자 날랐을 터이다. 힘을 합하면 일이 쉬워진다는 너무도 단순한 진리이건만 그들의 지식으로서는 그것조차 생각해내기 어려웠을 터이기 때문이다. 그래서 혼자서 나르기에는 힘이 미치지 못하는 건 어쩔 수 없이 그대로 놔두었을 터이다. 하지만 큰 돌은 자연스레 필요했을 터이다. 맹수가 들어오지 못하도록 동굴 입구를 막아야 할 커다란 돌덩이 같은 것이.

이러한 힘겨운 삶 속에서 인류는 지혜를 터득했다. 둘이나 셋이 힘을 합치면 혼자서는 옮기기 버거웠던 물체를 이동시킬 수 있고, 여럿이 협력하면 더욱 더 큰 힘을 발휘할 수 있다는 사실을 깨달으며 배웠던 것이다. 그러면서 인류는 좀더 발전된 문제를 고민하기 시작했다.

"어떻게 하면 적은 힘을 들여서 일할 수 있을까?"

▌도구를 창안

힘을 적절하게 사용하는 것은 일을 처리하는 데 상당한 도움이 된다. 얼마만큼의 힘을, 어느 곳에서 어느 쪽으로 쓰느냐 하는 것은 일의 능률을 생각하는 데 빼놓아서는 안 될 사항이다.

벼랑 가까이까지만 옮겨야 하는데 굳이 넘치도록 힘을 써서 돌덩이를 떨어뜨린다든가, 무거운 짐수레를 뒤에서 밀어야 하는데 그 반대쪽으로 민다든가 하는 행동은 도와주는 게 아니라 오히려 일을 더욱 그르칠 뿐이다.

그런 이유로 힘을 쓸 때에는 '얼마만큼의 힘을, 어느 곳에서, 어느 쪽으로' 작용시킬 것인지 곰곰이 생각해 보아야 하는 것이다.

우리는 같은 조건이라면 당연히 싼 값에 물건을 사려고 한다. 일을 함에 있어서도 마찬가지다. 즉, 동일한 일을 하더라도 좀더 적은 힘을 들이려고 한단 말이다.

그렇다. 우리는 매사에 적은 힘을 들여서 일을 끝내려고 한다. 너무도 자명한 사실인 것처럼 보인다. 그러나 인류가 이러한 사실을 깨닫고 그 답을 찾아내기까지는 그리 순탄치 않은 기나긴 세월이 필요했다. 그럼에도 인류는 결국 해냈다. 빗면, 바퀴, 뗏목 등과 같은 도구가 다 그러한 노력의 열매들인 것이다.

빗면, 바퀴, 뗏목은 일을 편리하게 처리하기 위해서 인류가 가장 먼저 창안해 낸 도구들이다. 이것들은 오늘날의 슈퍼 컴퓨터, 인공 위성, 유인 우주선 등과 같은 복잡한 고도의 발명품을 탄생시키는 밑거름이 되었다.

▌빗면

빗면(경사면)은 인류가 가장 먼저 사용한 도구라고 볼 수 있을 터이다. 무려, 기원전 2백40만 년 전부터 이용한 흔적이 남아 있을 정도이다. 사실, 바퀴와 뗏목은 인류의 창조적 작품이랄 수 있지만, 빗면은 자연에 존재해 있는 것 그 자체를 그대로 사용했다고 볼 수 있는 것이므로 가장 일찍 터득한 도구임은 어찌 보면 당연하다.

바빌론의 공중 정원, 올림피아의 제우스 상, 알렉산드리아의 등대, 로도스의 거상, 할리카르니소스의 마우솔로스 왕 묘, 에페소스의 아르테미스 신전 등과 함께 세계 7대 불가사이 중 하나이고, 인류 역사상 최초 최대의 대공사였던 '피라미드'를 건설하면서 이집트인은 빗면을 유효적절하게 이용했다.

수십 미터 높이의 피라미드를 쌓기 위해서 10톤 이상이나 나가는 거대한 돌덩이를 옮기고 올리는 방법으로 당시에 생각할 수 있었던 도구로는 빗면 이상 없었던 것이다. 빗면의 각도가 30도만 되어도 돌덩이 무게의 절반의 힘으로 끌고 올라갈 수 있으니까, 다른 특별한 기기를 생각해낼 수 없었던 당시의 그들에게 경사면은 정말 유용한 방법일 수밖에 없었던 것이다.

어찌 보면, 빗면의 원리는 보잘것없는 원시적인 이론인 듯싶다. 그러나 실제로는 전혀 그렇지가 않다. 정말 하찮은 이론이었다면, 그것은 이미 오래 전에 자취를 감추었어야 했다. 그러나 어떠한가? 빗면의 원리는 오늘날까지도 폭 넓게 이용되고 있지 않은가 말이다.

빗면을 생각함에 있어서 빼놓을 수 없는 것이 또한 쐐기다. 빗면의 원리를 이용한 대부분의 기계가 쐐기의 모양으로 이루어져 있기 때문이다. 꺾세 모양의 쐐기는 한마디로 말해서 움직이는 빗면이라고 할 수가 있다.

간단한 예로, 문 밑에 밀어넣는 쐐기를 생각해 볼 수 있을 터이다. 무더운 여름날 문 밑에 쐐기를 끼워 놓으면 마찰로 바닥에 꽉 물리게 되어 열려진 공간으로 바람을 시원스레 맞아들일 수가 있다.

▎바퀴

바퀴는 기원전 3500년쯤부터 이용하기 시작했다. 이것은 세계 4대 문명 발상지의 한 곳인 메소포타미아의 유적에서 발굴된 동나무를 둥글게 자른 전차용 원판 바퀴가 입증해 준다.

인류의 선조들은 가벼운 물건은 들어서 옮겼다. 그리고 그것보다 조금 더 무거운 것은 끌어서 옮겼다. 커다랗고 질긴 잎이나 동물 가죽 위에 물체를 올려놓고서 말이다. 분명, 끌어서 옮기는 것은 들어서 나르는 것에 비해 훨씬 적은 힘이 든다. 하지만 이 역시 만족스럽지는 못하다. 왜냐하면 이보다 더 적은 힘을 들여서 물체를 이동시킬 수 있는 방법이 있기 때문이다. 굴려서 옮기는 방법이 그것이다.

그렇다면 이런 의구심이 인다.

"왜 굴림은 더 적은 힘이 들까?"

그건 마찰력이 작기 때문이다.

마찰력은 물체가 맞닿아 비벼질 때 생기는데, 크게 둘로 나눈다. 정지해 있는 물체에 작용하는 '정지 마찰력'과 움직이는 물체에 작용하는 '운동 마찰력'으로. 그리고 운동 마찰력은 다시 미끄러질 때 발생하는 '미끄럼 마찰력'과 구를 때 발생하는 '구름 마찰력'으로 나누는데, 이 중 가장 작은 마찰 저항을 받으며 움직이는 것이 구름 마찰력이다.

'굴린다'를 생각하면 번뜩 생각나는 게 있다.

그렇다. '둥근 바퀴'이다. 하지만 바퀴가 처음부터 둥근 것은 아니었다. 사각 모양, 삼각 모양을 거치는 우여곡절 끝에 원 모양의 바퀴가 탄생할 수 있었던 것이다.

오늘날에야 흔하디 흔해서 대부분의 사람들이 그 중요성을 높게 평가해 주지 않는 실정이지 만, 고대에는 바퀴의 위력이 대단했다. 한 예로, 고대의 이집트나 앗시리아가 강력한 고대 왕국을 건설하고 유지해 나갈 수 있었던 큰 이유 중의 하나가 튼튼한 수레 바퀴가 달린 전차를 갖고 있었기 때문이었을 정도였으니까.

칠레 해안으로부터 약 3,800㎞ 떨어진 곳에 이스터 섬이 있다. 그곳에는 수 톤이나 나가는 "사람의 얼굴을 조각한 거대 돌상(모아이)"이 수백 개나 놓여져 있다. 이 미스터리의 돌상을 누가 어떻게 만들었는

지 아직까지 구체적으로 알아내지는 못하고 있으나, 근처 화산지대에서 잘라 운반해 온 암석으로 만들었다는 것은 확인되었다. 그리고 그것을 끌고 온 방법 역시 밝혀졌는데, 돌상 밑에 통나무를 끼워서 굴리는 방식으로 마찰력을 줄여서 운반했다.

이와 같이 구르고 회전하는 모든 기기는 예외 없이 바퀴의 원리를 이용하고 응용한 것들이다.

▌뗏목

바퀴를 단 수레가 나타났을 즈음 흐르는 물에 떠서 짐을 운반하는 뗏목이 출현했다. 이때가 기원전 3,000년경이었다.

일반적으로 부피가 작은 물체는 물에 뜨고 큰 물체는 가라앉는다. 예를 들어, 탁구공은 물에 뜨고 바위는 가라앉는다. 그러나 항상 그런 것은 아니다. 부피가 작아도 물에 가라앉는 것이 있고, 커도 뜨는 것이 있다. 뗏목과 조약돌이 바로 그러한 좋은 예다. 조약돌의 부피는 뗏목과 비교가 안 된다. 아니, 비교라는 단어를 쓰기가 미안할 만큼 조약돌과 뗏목 사이의 부피 차는 대단하다. 그럼에도 불구하고 엄청 큰 물체는 뜨고 작디작은 물체는 가라앉는 옛 사람의 상식적 판단으로는 도저히 납득이 가지 않는 기현상이 발생하는 것이다.

왜 이런 엉뚱해 보이는 현상이 일어나는 걸까?

옛 인류는 이 문제를 놓고 무던히도 이렇게 고민했을 것이다. 그리고는 합리적 이성에 근거를 둔 과학적 설명과는 다소 거리가 있는, 경험적 뿌리에 적잖은 바탕을 둔 이러한 결론을 얻었을 것이다.

같은 크기에 대한 무거움을 생각해야 한다.

그렇다. 같은 부피에 대한 질량의 비율을 고려해야 하는 것이다. 뗏목과 조약돌이 비록 크기는 다르지만, 동일 부피에 대한 질량의 비율이 다르기 때문에 크기가 큰 뗏목이 뜨고 작은 조약돌이 가라앉는 것이다.

이처럼, 어느 것이 더 무거운지 가리기 위해서는 같은 부피를 놓고 질량의 비율을 따져야 한다. 주먹만한 금 덩어리와 손톱만한 은 조각을 비교하고 금이 더 무겁다고 단정지을 수는 없듯이 말이다. 그건 똑같은 부피의 금과 은을 놓고서 결정할 문제인 것이다.

떼목이 부피는 커도 물에 뜨는 이유가 바로 여기에 있다. 똑같은 부피의 질량을 재보면 조약돌은 물보다 무거운 반면, 떼목은 가볍다. 그래서 조약돌은 가라앉고 떼목은 뜨는 것이다.

떼목처럼 물에 잠긴 물체는 윗 방향으로의 힘을 받는데, 이걸 '부력'이라고 한다. 여객선, 보트, 요트, 잠수함…… 등과 같이 물에 떠다니는 거의 모든 운송 수단이 부력의 원리로 움직인다. 그리고 공중을 나는 열기구나 비행선도 부력의 원리를 이용한 것이다.

공기의 부력

인류가 있는 한
함께할 수밖에 없는 것
통신

▌통신, 인류와 함께 시작하다

통신은 인류가 지구상에 모습을 드러낸 순간부터 함께하며 발전했다. 가족을 이루고 사회를 형성하며 국가를 키워가는 과정에서 통신은 필수 불가결한 요소일 수밖에 없었던 까닭이다.

상대가 가까운 곳에 있을 경우에는 몸짓이나 말로 의사를 전달하고, 멀리 떨어져 있을 경우에는 북 치기와 나팔 불기, 연기(煙氣), 빛, 새 등을 통해 이쪽의 의사를 전달하곤 했다. 그러던 통신이 급격한 발전의 길로 접어든 것은 문자가 발견된 이후부터였는데 동물의 가죽, 파피루스, 나무, 돌, 금속 등에 문자를 파 넣거나 기입함으로써 의사 소통은 한결 원활해졌다.

그렇게 맥을 이어가며 한 걸음 한 걸음 성장한 통신은 18세기에 들어와 근대적 우편제도가 성립하면서 확고히 자리매김한 후, 1844년 모스의 전신기 고안, 1866년 대서양 횡단 케이블의 설치, 1876년 벨의 전화기 발명, 1896년 마르코니의 무선통신 성공, 1960년 최초의 위성통신 에코 1호의 발사를 거쳐 요즘엔 개인 휴대 전화기가 널리 보급돼 있는 상황에까지 이르렀다.

▌전화 발명

전화의 역사는 모스가 모스 부호와 함께 전신기를 개발하면서 시작되었다. 모스는 전류를 끊었다 붙이고, 다시 이었다 붙이는 방법으로 통신을 전달할 수 있는 획기적인 아이디어를 착안했다. 일 예로 숫자를 나타내는 모스 부호는 다음과 같다.

수	모스 부호
1	● ● ● ● ▬
2	● ● ● ▬ ▬
3	● ● ▬ ▬ ▬
4	● ▬ ▬ ▬ ▬
5	● ● ● ● ●
6	▬ ● ● ● ●
7	▬ ▬ ● ● ●
8	▬ ▬ ▬ ● ●
9	▬ ▬ ▬ ▬ ●
0	▬ ▬ ▬ ▬ ▬

모스의 전신기는 당시 장거리 통신 수단으로 폭 넓게 사용하고 있던 비둘기를 일거에 몰아내는 대단한 발명품으로 자리잡았다. 뿐만 아니라, 로이터 통신 같은 초대형 통신사들이 출현하는 계기를 마련하는 발판이 되기도 하였다. 그리고 곧 이어 통신의 수준을 한 단계 높이는 새로운 이론이 발표되었다.

　전류의 강약을 통신에 이용하자.

　전류를 끊고 붙이는 차원에 머물지 말고, 때로는 강하게 때로는 약하게 전류를 흘리면서 인간의 음성을 실어 보내자는 혁명적인 이론이 제안된 것이다. 미국의 페이지니와 프랑스의 부스쉴이 내놓은 이 이론은 일순 전세계인을 들뜨게 했다.

　그도 그럴 것이, 모스의 신호는 말 그대로 투투 띠띠 하는 식의 전기적 신호음이었을 뿐인데 반해, 새롭게 나온 이론은 멀리 떨어져 있는 상대에게 나의 음성을 실제로 보낼 수 있는 것이었으니 당시로서는 감히 상상도 할 수 없는 일인 셈이었다. 요즘 우리가 타임머신을 단지 상상 속의 산물로만 그리고 있는 것처럼.

　그러나 운명의 여신은 그들의 손을 들어주지 않았다. 그들은 안타깝게도 실용품을 제작해 내는 데는 성공하지 못한 것이었다.

　페이지니와 프랑스의 부스쉴이 내놓은 혁신적인 제안이 실패로 끝나자, 당연하게도 다음과 같은 말이 정설로 굳어지는 듯했다. 음성을 전류를 통해서 전달하는 것은 절대 가능하지 않다. 그러나 누가 말했던가, 불가능은 없다고.

　1876년 3월, 미국의 농아학교 교사였던 벨이 결코 이루어내지 못할 것이라는 '인간의 음성 전류로 전달하기' 를 훌륭하게 성공으로 이끌어낸 것이다. 그는 시체에서 떼어낸 고막과 양피지를 진동판으로 이용하는 등 무수한 시행착오를 거치는 우여곡절 끝에 인간의 음성을 상대에게 똑똑히 전달하는 전화 통화에 멋지게 성공한 것이다.

벨은 곧바로 자신의 노력을 상업적으로 확장하여 1876년에 벨 사를 설립하면서 전세계 각국에 전화망을 설치했다. 그가 세운 벨 사는 현재 세계 최대의 전신 전화회사로 성장한 미국의 AT&T의 모 회사이다.

▌전화기의 물리학적 원리

겉보기에 대개의 물리학적 원리는 접근하기조차 싫을 만큼 어려워 보인다. 그러나 알고 보면 너무도 간단한 것이 또한 물리학의 이론인데, 전화기에 쓰이고 있는 원리도 결코 다르지 않다.

전화기의 원리는 유·소년 시절 누구나 한 번쯤은 경험해 보았을 가는 실에 깡통을 이어서 말을 주고받는 깡통 전화기의 원리와 별반 다르지 않다. 깡통 전화기는 실을 통해서 소리의 진동을 전달하고, 전화기는 전기적 신호로 바꿔서 전달하는 것이 다를 뿐이다.

깡통 전화의 원리

그렇다면 전류를 어떻게 기술적으로 잘 흘려주느냐가 문제가 된다는 말인데?

전선 속을 흐르는 전류는 소리를 내지르거나 전선을 흔든다고 해서 빨라지거나 느려지지 않는다. 저항이 있을 때야 비로소 흐름에 변화가 생길 뿐이다. 강물이 댐 같은 저항체를 만나야만 유속이 변하는 것처럼 말이다.

최초의 전화 발명자인 벨이 착안한 방법도 이러한 착상에서 크게 벗어나지 않는 것이었다. 벨은 전류의 흐름을 변화시키기 위해서 탄소가루를 저항체로 사용했다. 즉, 탄소가루를 넣은 송화기에 진동판을 붙이고, 거기에 대고 말을 하면 진동판이 떨리면서 탄소가루가 요동하게 된다. 그러면 전류의 흐름에 변화가 생기고, 그러한 미세한 차이가 소리로 변환되어서 결국 상대방의 귀로 전달돼 선명하게 전해지는 것이다.

▌한국 전화사

대한민국에 전화가 설치된 것은 지금으로부터 100여 년 전인 1898년이었다. 궁내부 주관으로 궁중과 연락을 취하기 위해서 덕수궁에 전화 시설을 한 것이 처음이었다. 당시는 전화를 영어의 텔레폰(telephone)을 소리나는 대로 발음해서 다리풍, 덕률풍, 득률풍이라 부르곤 했고, 소리를 전해 주는 전기 기계라고 해서 '전어기'라고도 했다.

1902년 3월에는 서울에서 인천까지의 장거리 전화가 가설되었고, 같은 해 6월에는 시내 교환 전화가 설치되었다. 그리고 이듬해인 1903년에는 부산에 전화가 들어갔다.

우리 나라는 1905년 일본과 맺은 한일 통신 협정으로 통신권을 일본에 넘겨줄 수밖에 없었다. 그 후 한반도의 통신사업은 전적으로 일본인 주도하에 이루어지며 해방을 맞았다. 광복과 더불어 통신권을 이양받은 우리 민족은 강한 의욕을 갖고 통신 사업에 뛰어들려 했으나 곧바로 터진 민족의 비극 6·25로 인해 전화사업은 지연될 수밖에 없었다. 그러한 민족의 혼란이 어느 정도 수습된 1960년대 이후 국가 주도로 전화 사업이 다시 본격적으로 추진되었다.

헌데 폭발적으로 늘어나는 수요를 전화기의 공급이 따라가지 못하는 예측하지 못하는 현상이 나타났고, 그래서 전화를 들여놓기 위해서 아파트 청약 추첨하듯이 공개 추첨을 하고, 심지어는 뒷돈을 얹어주는 일까지 성행하곤 했다. 이름하여 전화 공개 추첨과 프리미엄 전화가 유통되는 웃지 못할 기현상이 벌어진 것이다.

그러다가 1980년대에 들어와서야 우리 국민의 통신 사업 숙원인 1가구 1전화 시대를 맞게 됨으로써 비로소 전화 대중화의 길로 들어서게 되었고, 근래에는 국민 2인당 한 명 꼴로 개인 휴대 전화를 소유하는 현실에 이르고 있다.

▌김구를 살린 전화

김구 선생이 일본 형사를 죽인 혐의로 인천 감옥에 투옥돼 있었던 때였다.

사형 날짜가 며칠 남지 않았다. 고종 임금은 시류싱으로 올라온 사형수들의 최종 처형 통보 일정을 마지막으로 검토하고 있었다. 고종의 눈에 '김구'라는 이름이 선명히 들어왔다. 화들짝 놀란 고종은 김구의 죄명을 살폈다.

'국모 시해'

왕비를 살해했으니 마땅히 처형해야 한다는 뜻이었다. 임금의 부인을 살해했다고, 말도 안 되는 일본인들의 중상 모략이었다.

고종은 오히려 후한 상을 내려야 할 일이다라며 즉석에서 사면을 결정했다. 그리고는 자신의 사면 결정이 인천 감옥에 늦게 전달되어 사형이 집행될 것을 우려하여 때마침 개설된 전화를 긴급히 걸어서 사형 집행자에게 직접 사명을 명한 것이었다.

우리나라 최초의 전화기

▌이동 전화와 CDMA

이동 전화의 생명은 누가 뭐래도 때와 장소를 가리지 않고 통화가 가능하다는 데 있다. 때와 장소를 불문하고 통화가 가능하다면, 유선 전화

만을 사용하는 경우와는 비교가 안 될 만큼 통화량이 증가할 터이다. 그야말로 통화량의 폭주 사태가 빚어지는 것이다. 그러니 폭발적으로 늘어나는 통화량을 자연스럽게 해결해 줄 수 있어야 대화의 끊김이나 막힘이 없는 양호한 통화가 가능할 터이므로. 그래서 한정된 주파수를 십분 이용하는 방법을 고안하게 되었고, 거기에서 CDMA가 탄생하게 되었다.

아날로그 이동 전화는 주파수 분할 다중접속 방식인 FDMA(Frequency Division Multiple Access)를 사용한다. FDMA는 하나의 주파수 대역이 하나의 회선을 사용하는 셈이어서 가입자를 수용하는 데 한계가 따를 수밖에 없다.

그런 까닭에 갈수록 늘어가는 이동 전화 가입자를 좀더 폭 넓게 수용하기 위해서 생각해 낸 것이 시분할 다중접속 방식인 TDMA(Time Division Multiple Access)였다. TDMA는 신호를 잘게 나눌 수 있는 디지털의 특성을 적절히 살려 주파수의 사용 효율을 보다 높인 방식으로, 아날로그 방식에 비해 3배 가량 많은 수용자를 감당할 수가 있다.

하지만 가입자가 폭발적으로 증가한다면 이 정도로도 통화의 질에 대한 만족스러운 결과를 낳지 못할 가능성을 배제할 수가 없다. 특히, 우리 나라와 같이 국토는 좁은 반면 이동 전화 가입자는 많은 경우 그러함은 절실할 수가 있다.

그리하여 TDMA보다 더 큰 폭으로 주파수를 늘릴 수 있는 획기적인 기술이 필요하게 되었고, 그로부터 탄생한 것이 바로 CDMA이다. 일명 부호 분할 다중 접속이라고 부르는 CDMA(Code Division Multiple Access)는 이동 전화 기술 중에서 가장 앞선 최첨단 방식으로, 아날로그 방식에 비해 무려 20배나 많은 수용자를 가입시킬 수 있는 혁명적인 통화 방식으로, 1996년 1월 3일 우리 기술진이 세계 최초로 상용화에 성공한 기술이기도 하다.

▌FPLMTS와 GMPCS

통신이 지향하는 목표는 이것일 터이다.

'언제, 어디에서라도 누구와 즉각 이루어지는 통화'

그렇다. 지금껏 쌓아 온 통신의 역사가 바로 이러한 이상을 이루기 위한 일련의 과정인 셈이었고, 1세대인 아날로그 이동 전화 시대를 벗어나 PCS(Personal Communlcation Service)로 대표되는 2세대 이동 통신은 그러한 희망에 바짝 다가서고 있는 과정이라 할 수 있을 터이다.

3세대 이동 통신은 동영상 멀티 미디어 서비스를 제공하는 미래공중육상이동통신시스템인 플림츠(FPLMTS, Future Public Land Mobile Telecommucation Systems) 일명, IMT-2000이란 이름으로 널리 알려져 있는 플림츠이다. 플림츠는 지금까지 등장한 모든 형태의 이동 통신 서비스를 통합하는 세계 표준 이동 통신 시스템이다. 지구 상공에 위성을 쏘아올리고, 전세계 어느 곳에서도 송수신이 가능하도록 설계한 위성이동개인휴대통신(GMPCS, Global Mobile Personal Communications by Satellites)까지 포괄하는 통신 서비스인 것이다.

플림츠를 이용하면 외국에 나가서도 국내에서 사용하던 이동 전화를 그대로 들고 나가 사용할 수가 있으며, 전세계 어느 곳에서도 할당받은 번호만 누르면 곧바로 음질 좋은 통화가 가능하게 된다. 그때가 되면, 태평양 한가운데에서 상대의 얼굴을 똑똑히 마주하며 안부를 물을 수가 있고, 사하라 사막 한복판에서 낙타를 타며 동경의 금값을 파악할 수가 있으며, 적도를 탐험하면서 남극의 펭귄을 마주할 수도 있게 되는 것이다.

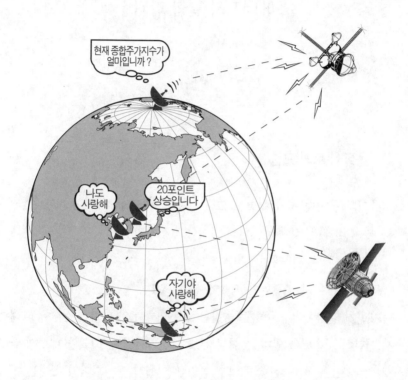

색의 바람
에너지와 결합 파괴

▌물질 내부의 교란

종이나 옷이나 천을 햇볕에 오래 놔두면, 예외 없이 색이 바랜다. 물론, 많이 바래냐, 적게 바래냐의 차이는 있겠지만.

그러면 왜 색이 바래는 걸까?

답은 섬유 내부의 결합이 바뀌어지는데 있다.

우리가 일상에서 마주하는 물질은 모두가 내부의 다양한 결합에 의해서 단단히 결속되어 있다. 옷이나 천도 마찬가지이며, 그들을 예쁘게 염색하는 색소도 여러 형태의 내부 결합에 의해서 구성되어져 있기는 마찬가지다.

그러니 이 내부 결합을 온전히 유지할 수만 있으면 섬유의 색이 바라는 일은 결코 없을 터이고, 섬유를 오래 보존하기 위해서는 당연히 그러한 환경을 유지해주는 것이 좋은 일일 터이다.

하면 물질의 내부 결합을 붕괴시키는 환경에는 무엇이 있을까?

204

우선, 떠올릴 수 있는 대표적인 원인이 열이다.

그렇다. 활활 타오르는 불 속에서 원래의 모양을 그대로 유지할 수 있는 물질은 거의 없다. 열이 내부의 결합 모양을 마구마구 흐트려 놓기 때문이다.

또한 펄펄 끓은 물 속에서도 적잖은 물질이 형태를 바꾼다. 비싼 돈 주고 산 고가의 옷을 뜨거운 물에 잘못 빨았다가 옷이 줄어드는 것이 그 좋은 예일 터이다. 이 역시 뜨거운 물이 방출한 열이 물질의 내부 결속을 망가뜨려 놓는 탓이다.

열은 바로 에너지이다. 그리고 빛은 에너지로 충만한 물체이다. 자외선에 오래 노출된 피부가 변색하는 이유도 빛 에너지를 받은 피부 속의 내부 결합이 이지러진 탓이다. 이러한 이지러짐이 심하면 단순히 피부색이 변하는 정도를 넘어서 피부암과 같은 무서운 질병으로 이어지게 된다.

빛이 섬유의 색을 변색시키는 것도, 피부를 변색시키는 것과 마찬가지로 빛 에너지에 의한 물질 내부의 교란 때문인데, 그럼 햇빛을 받은 섬유가 어떻게 변색하는 지를 좀더 상세히 알아보자.

▌빛이 결합을 뒤튼다

물질 내부의 결합은, 물질을 구성하는 여러 입자(분자, 원자, 양성자 중성자, 소립자 등등)들이 갖가지 모양으로 이어져 있는 상태를 의미하는데, 그 연결에는 예외 없이 에너지가 관여하고 한다. 즉, 어떤 입자 사이의 연결은 강한 에너지에 의해서 단단히 연결돼 있는가 하면, 또 어떤 결합은 약한 에너지에 의해서 미약하게 결합해 있다.

앞에서도 언급한 것처럼, 흔히 햇빛이라고 부르는 태양광선은 에너지 덩어리 그 자체이다. 태양빛이 지구로 전해주는 막대한 열을 통해서 우리는 태양광선이 얼마나 큰 에너지를 담고 있는 가를 어렵지 않게 유추할 수가 있다.

그러니 햇볕에 섬유를 놔둔다는 건 무엇을 뜻하겠는가?

그렇다. 태양광선과 섬유의 에너지가 결국 부딪친다는 것을 의미한다. 즉, 태양광선의 에너지가 옷이나 염색 색소의 내부 결합 에너지와 맞부딪친다는 것을 뜻하는 것이다.

그러니 태양광선의 강렬한 에너지가 옷으로 거침없이 뚫고 들어와 옷과 색소의 입자를 건드리면 어찌 되겠는가?

옷이나 염료 입자의 결합이 변형되거나 끊어질 터이다. 약하게 이어진 결합은 곧바로 그리고 심하게, 강하게 연결돼 있는 결합은 천천히 그리고 미약하게 나타나는 방식으로.

이렇듯 원래의 내부 결합이 뒤틀어졌으니 옷과 염료의 성질이 변할 것은 당연하다. 사람의 유전자에 이상이 생기면 이상 징후가 드러나는 것과 다르지 않은 이치다. 그래서 책이나 섬유를 태양 볕 아래 장시간 놔두면 색이 바래는 것이다.

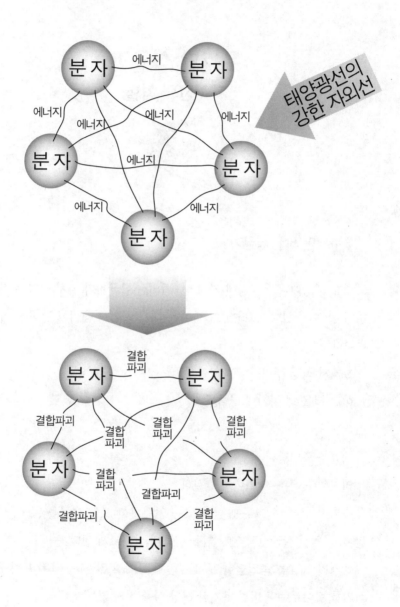

무늬만 살균기
자외선의 역할

█ 무늬만 세균 살균기?

학교 식당이나 음식점에 가 보면, 자외선 살균기가 설치돼 있는 걸 흔하게 볼 수가 있다. 그리고 그 속에는 대개 컵이나 식기가 들어 있기 마련이다.

그래서 식당 주인이나 종업원에게

이런 것을 왜 여기에 넣어두죠?

라고 물으면,

세균을 죽인답니다.

라고 그들은 주저 없이 대답한다.

그러면, 컵이나 그릇에 남아 있는 인체에 해로운 세균을 없애준다는 말에, 자외선 살균기의 안과 밖을 꼼꼼히 살펴보게 된다.

하지만 세균을 죽일만한 무기는 좀체 보이지 않는다. 언뜻 보기에는, 식기를 담아두는 평범한 용기와 그냥 다를 바가 없는 형태다.

그렇다 보니, 이것이 어떻게 해서 세균을 살상한다는 것인 지가 궁금해지면서 궁극에는, '이거 무늬만 세균 살균기 아니야' 라는 말이 입에서 맴돌곤 한다.

▍자외선에 세균은 시름시름

그러면 자외선 살균기가 진짜 효능이 있는 걸까?

결론부터 말하면, 당연히 효능이 있다.

손님들을 눈 속임 하기 위해서 거짓으로 장사를 하는 식당 주인이 아니라면, 가짜를 갖다 놓지는 않을 터이다.

그렇다면 왜 세균을 죽이는 무기를 자외선 살균기에서 찾아 보기가 어려운 걸까?

그것은 자외선 살균기가, 세균을 죽이는 데 빛을 이용하기 때문이다.

자외선은 빛이다. 가시광선의 보라색 너머에 위치하는, 사람의 눈에는 보이지 않는 강한 빛이다.

이렇듯 자외선이 눈으로는 감지가 가능하지 않은 빛이어서, 자외선 살균기의 이곳 저곳을 아무리 꼼꼼히 살핀다고 해도 세균을 죽일만한 도구를 찾을 수가 없는 것이다.

자외선을 오래 쪼이면, 심각한 장애가 나타난다. 여름철 해변 가에서 피부를 햇볕에 과다하게 노출시키지 말라고 하는 것이 다 자외선의 피해를 염려하는 뜻에서 하는 충고이다. 색의 바람에서도 언급했듯이, 피부 손상과 심하면 피부암을 유발하는 것이다.

사람에도 이처럼 유해한 자외선인데, 인체에 비해 비교조차 하기 어려운 생물인 세균에 자외선을 쪼이니, 세균이 견뎌내기 힘들 것은 불을 보듯 뻔한 일이다.

구체적으로 자외선이 세균의 몸 속으로 들어가면 DNA를 손상시키게 된다. DNA는 생명체의 모든 정보가 고스란히 담겨 있는 유전자의 실체이다.

이토록 중요한 DNA가 손상을 입었으니 어찌 되겠는가?

두 말할 필요 없이, 세포의 정상적인 기능이 불가능해질 터이다. 세포의 기능이 망가졌으니, 더 이상 무슨 가능성이 있겠는가. 세균이 시름시름 죽을 수밖에.

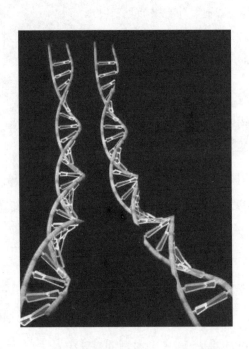

유리의 비밀
무정형 물질

▌분명 딱딱한데?

집을 포함한 모든 건물에는 문이 있고, 창이 있다. 그리고 문과 창에는 십중팔구 유리가 끼워져 있다. 밖을 내다볼 수 있는 투명한 유리가.

그러면 유리를 심도 있게 관찰해 보자.

문이나 창에 끼워져 있는 유리의 상태가 어떤가? 그러니까 공기와 같은 기체 상태냐, 물과 같은 액체 상태냐, 금속과 같은 고체 상태냐는 말이다.

그렇다. 금속처럼 딱딱하다. 그래서 우리는 유리가 고체라고 생각하기가 쉽다. 하지만 유리는 고체가 아니다.

아니, 이게 무슨 엉뚱한 소리인가. 딱딱한데 고체가 아니라니.

▎겉은 딱딱 속은 흐물흐물

이것은 유리가 갖고 있는 독특한 특성 때문이다.

기체, 액체, 고체를 나누는 일반적인 기준은 물질 내부의 원자와 분자 구조이다. 물질 속의 원자와 분자들이 결속력이 거의 없어서 쉬이 달아날 수 있으면 기체, 느슨히 풀어져 있어서 어느 정도는 자유로운 움직임이 가능하면 액체, 꽈악 붙들려 있어서 이탈이 가능하지 않으면 고체라고 부른다.

그렇다면 유리의 내부 상태는 어떤가? 겉보기는 고체처럼 보이지만, 내부는 액체처럼 느슨하게 풀어져 있다.

그래서 유리를 가리켜서, 특정한 형태를 갖지 못하는 물질, 즉 '무정형 물질'이라고 한다. 다시 말해서, 고체도 아니고 액체도 아닌 그 중간형의 특성을 보이는 물질, 끈적끈적한 정도가 극단적으로 높은 물질이바로 유리인 것이다.

유리가 이러한 성질을 지니고 있다는 사실은 오래된 건물의 창에 끼워진 유리를 살펴보면 간단히 알 수가 있다.

유리의 위쪽과 아래쪽의 두께가 어떤가?

그렇다. 아래 쪽의 두께가 두껍다.

왜 이런 현상이 일어나겠는가?

그야 물론 유리가 극도로 끈적끈적한 젤리와 같은 특성을 갖는 물질이기 때문에 아주아주 조금씩 조금씩 밑으로 흘러내린 결과인 것이다.

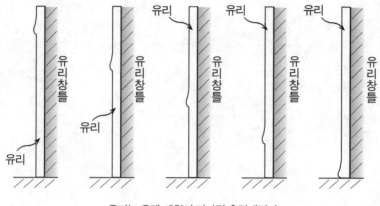

유리는 오랜 세월이 지나면 흘러내린다

이처럼 유리의 내부가 고체처럼 빽빽하지 않고, 원자와 분자들이 다소 느슨하게 퍼져 있는 액체의 성격을 갖고 있어서, 그 틈으로 빛이 지나가게 되고, 그래서 유리가 투명하게 보이는 것이다.

4 장
우주에 담긴 물리

장님과 코끼리 / 천문학과 천체 물리학

꼬리별의 비밀 / 혜성 창고와 태양계의 끝

달은 어떻게 / 달의 탄생설

하늘을 올려다보니 / 목성 탐구

화성으로부터의 운석 / 외계 생명체

빛조차 빠져 나오지 못하는 구멍 / 블랙홀을 찾아서

장님과 코끼리
천문학과 천체 물리학

▌새로운 천문학

천문학은 인류가 별을 보고 관찰하면서부터 시작되었다고 보는 것이 자연스러울 터이다. 그런 면에서 천문학은 예부터 있어 온 학문이다. 그러나 천체 물리학은 그렇지 않다. 학문이 전문화 세분화 고도화되면서 천문학에 물리학적 지식을 가미한 새로운 학문이 필요하게 되었는데, 그래서 생겨난 것이 천체 물리학이다.

이런 추세는 비단 천문학과 천체 물리학에만 나타난 게 아니다. 모든 학문 분야에 엇비슷하게 출현한 것이다. 물리학, 수학, 화학, 생물학, 지질학, 의학뿐만 아니라, 공학, 정치학, 사회학 등 모든 학문이 다 그렇게 되었다.

예전에는 한 학자가 생물학도 연구하고 천문학도 공부하고 물리학도 가르쳤다. 밝혀진 자연 현상이 그리 많지 않았던 데다가, 또한 그 내용이 그리 심도 있는 것이 아니었기에 그것이 가능할 수가 있었던 것이다.

그러나 20세기에 들어와서 과학적 지식의 깊이와 폭이 이전에는 감히 상상할 수도 없을 만큼 깊고 넓어지다 보니 다방면에 걸친 심도 있는 연구는 꿈 꿀 수 없게 되었다. 요즘에는 그러한 추세가 어디까지 이어졌는가 하면, 같은 학문을 전공하는 학자 사이에서도 세부 전공이 무엇이냐에 따라서 상대방이 연구하는 내용을 이해하기 어려운 상황이 되어 버렸다. 예를 들어 같은 물리학자이면서도 반도체 물리를 연구하는 학자와 소립자를 탐구하는 물리학자 사이에 전문적인 사실의 원활한 의사소통이 가능하지 않게 되었단 말이다.

이러한 분위기는 당연히 천문학에도 자연스레 나타났고, 그래서 천체 물리학이라고 하는 새로운 학문이 탄생한 것이다.

▌장님과 코끼리

천문학과 천체 물리학을 비교할 때 종종 이용하는 것이 장님과 코끼리의 우화이다.

세 사람의 장님과 코끼리 한 마리가 있다.

당연한 이야기일 터지만 볼 수 없는 장님들은 자신들 앞에 고목처럼 우뚝 서 있는 게 코끼리라는 사실을 알지 못한다. 그러니 촉각을 이용해서 눈 앞의 물체를 식별해야 할 터인데.

첫 번째 장님이 코끼리의 코를 더듬어 보고는 뜨악 놀라며 즉각 말했다.

"구렁이군요."

기다랗다는 사실이 그로 하여금 이런 대답을 이끈 것이었다.

218

두 번째 장님은 코끼리의 다리를 툭툭 만지고는 이렇게 대답했다.

"아름드리 나무군요."

묵직하다는 감각이 그가 이런 판단을 하게끔 한 것이었다.

세 번째 장님이 코끼리의 꼬리를 쓰다듬어 보고는 이렇게 표현했다.

"질 좋은 빗자루군요."

길고 부슬부슬 털이 나 있다는 감촉이 그가 이렇게 생각한 이유였다.

이렇듯 세 사람의 대답은 모두 달랐고, 더구나 그들이 만져 본 실체가 코끼리라는 것을 알아낸 사람은 한 명도 없었다.

왜 이런 결과가 나온 걸까?

그건 전체가 아니라 편중된 한 부분만 조사했기 때문이다. 이들이 일부분이 아니라 코끼리 몸통 전체를 자세하게 더듬으면서 고민했다면, 코끼리라는 답은 아니더라도 석어도 이러한 어처구니없는 답은 걸코 나오지 않았을 터이다.

천문학은 이 우화 속의 장님 한 사람 한 사람에 비유할 수가 있다. 그리고 천체 물리학은 각각의 장님이 얻은 자료를 종합적으로 분석하고 검토하고 해석하고 이해한 후에, 그러한 결정을 바탕으로 해서 그것의 실체를 최종적으로 알아내려는 사람에 비유할 수가 있다. 그러니까 간단히 말해서 천문학은 천체를 발견하는 것이고, 천체 물리학은 천체와 우주에 관련된 현상의 근본적인 원인을 캐묻는 분야인 것이다.

천문학과 천체 물리학의 학문적 위상은 갈수록 역전되어 천체 물리학의 기세가 한층 높아지고 있는 실정이며, 그러함은 더더욱 가속돼 천문학이 자연스레 천체 물리학의 틀 속으로 포함돼 가고 있는 형국이다.

꼬리별의 비밀
혜성 창고와 태양계의 끝

▌혜성 관측 기록

문자로 전해지는 혜성에 대한 신빙성 있는 기록은 기원전 239년으로 거슬러 올라간다.

동쪽에서 북쪽 하늘로 비행하는 혜성이 관측되었다. 5월에는 서쪽에서 나타났고…….

여기에 등장하는 혜성은 76년을 주기로 해서 우주 공간을 떠도는 헬리혜성으로, 중국 사마천의 사기에 실려 내려오는 내용이다.

이것은 혜성을 천체로 간주한, 신뢰할 수 있는 최고의 기록으로, 이 당시 서양에서는 혜성을 그저 지구 대기권에서 일어나는 일종의 대기 현상쯤으로 여겼었다.

더구나 적잖은 서양인이 혜성을 불길한 징조를 몰고 올 액운의 천체로 생각했는데, 로마 시저의 죽음이라든가, 1066년 노르만 정복 당시 영국군이 대패한 이유를 혜성 탓으로 돌린 이야기는 유명하다. 또한 1910년 핼리 혜성이 지구에 근접했을 때, 독가스가 지구를 휘감을 것이라는 풍문이 삽시간에 퍼져서 방독면과 해독약이 불티나게 팔렸던 우습잖은 역사도 있었다.

서양 과학자 중 혜성이 자연 현상이 아니라 천체라는 사실을 처음으로 밝힌 인물은 관측 천문학의 대가 티코 브라헤(Ticho Brahe, 1546~1601)였다.

혜성에 대한 우리 나라의 최초 기록은 고구려 산산왕 27년(AD 217년)의 일이며, 두드러진 관찰 기록은 1759년 측후관이 왕에게 보고한 내용을 관상감이 기록으로 남긴 '성변등록'에 실려 있다. 성변등록에는 3월 5일부터 3월 29일까지의 혜성의 모양과 위치가 자세히 수록돼 있다.

▌혜성의 정체

천문학자들은 이렇게 주장한다.

태양계의 생성 초기에 행성이 되고 남은 일부의 찌꺼기가 혜성이 되었다. 그래서 혜성을 면밀히 관찰하면 태양계의 기원을 알 수가 있다.

이러한 이유로 혜성이 출현했다고 하면, 천문학자들이 너나없이 고성능 천체 망원경 앞에 달라붙어서 관측과 자료 분석에 열중하는 것이다.

혜성(彗星)은 흔히 꼬리별이라고 한다. 꼬리를 달고 우주 공간을 방랑한다고 해서 그렇게 이름 붙인 것이다.

혜성은 운석과 얼음 그리고 먼지가 응어리 져서 형성된 천체로, 머리와 꼬리로 이루어져 있으며, 머리는 다시 핵과 코마(coma)로 나누어진다.

핵은 머리 쪽 중심에 위치해 있고 빛을 강하게 발하는 부분이다. 하지만 윤곽이 뚜렷치 않아서 흐릿한 별처럼 보인다.

그리고 혜성이 태양을 향해 가까이 다가가면, 태양열을 받은 핵 속의 얼음 성분이 차츰차츰 녹으면서 공이나 타원형으로 변하게 되는데, 이것을 코마라고 부른다. 즉, 핵을 에워싼 성운 같은 것이 코마로서 지름은 대개 수만㎞ 남짓이다. 코마는 태양열에 의한 증발이 강하면 강할수록 더욱 강력하게 빛난다.

혜성이 태양에 접근하면 핵을 구성하는 물질이 증발하고 분해되어서 뒤쪽으로 뿌옇게 흩날리게 되는데, 이것이 혜성의 기다란 꼬리다. 그래

혜성의 핵

혜성의 꼬리

서 혜성의 꼬리가 태양의 반대쪽으로 나타나고, 태양에 가까워질수록 길고 뚜렷해지는 것이다. 혜성의 꼬리는 짧은 건 수십 만㎞에서 긴 깃은 수억㎞까지 다양하다.

▌혜성의 운동

태양계의 식구 중에서 운동 폭이 가장 넓은 것을 고르라면 당연히 혜성일 터이다. 위성은 행성 주위를, 행성은 태양 둘레를 공전하면서 일반적인 천체 망원경으로도 관측이 가능한 가시권 내에 들어 있으나, 혜성은 그렇지가 않기 때문이다.

그처럼 기다란 간격을 두고서 운동하는 혜성이 우주 공간을 비행하는 궤도는 타원, 포물선, 쌍곡선으로 크게 나눌 수 있다.

이 중 타원과 포물선을 그리는 혜성은, 사라졌다 다시 나타나는 주기 혜성이다. 그런 반면 포물선 궤도를 이탈하여 쌍곡선으로 바뀌어서 운행하는 혜성은, 한 번 보이고 다시는 되돌아오지 않는 비주기 혜성이다.

타원 궤도를 따라서 운행하는 혜성은 대부분 수백 년 이하의 짧은 주기를 갖는 단주기 혜성으로, 이심률은 0.1~0.9의 범위에 놓인다. 이심률이란, 타원의 이그러진 정도를 가리키는 것으로서, 0에 가까울수록 원에 가까운 모양을 취한다. 주기가 76년인 핼리 혜성은 대표적인 단주기 혜성이다.

포물선 운동을 하는 혜성은 공전 주기가 상당히 길어서, 평균적으로 수십만 년 정도의 주기를 갖는 장주기 혜성이다. 이러한 장주기 혜성의 원일점(태양으로부터 가장 멀리 떨어진 위치)은 지구 공전 궤도 반지름의 수만에서 수십만 배에 달하고 이심률은 거의 1에 근접한다.

역사적으로 유명한 몇몇 혜성의 궤도 주기와 발견 연도를 소개하면 다음과 같다.

혜 성	궤도 주기(년)	발견 연도
웨스트 혜성	500,000	1976
코호테크 혜성	75,000	1973
휴머슨 혜성	3000	1962
도나티 혜성	1950	1858
크롤스 혜성	758	1882
1843년 대혜성	512	1843
엔케혜성	3.3	1786

▌혜성 창고

혜성이 태양에 가까이 다가가면 태양풍과 복사 압력의 영향을 받아서 얼음과 먼지와 기체가 혜성의 몸체로부터 흩날리듯 우주 공간으로 떨어져 나가게 된다.

그러면 우리는 그러한 장면을 뚫어져라 바라보면서 '대단한 자연의 장관이야' 라며 연신 감탄사를 내뱉는다.

하지만 당사자인 혜성의 입장에서 본다면, 그것은 자신의 몸뚱이를 잃는 격이나 마찬가지다.

그렇다면 이런 상상이 가능할 터이다.

혜성은 지구를 향해서 다가올 때마다 적잖은 양의 구성 성분을 그렇게 잃어 버린다. 그러면 다음 번 지구를 찾아왔을 때에는 혜성의 크기가 전보다 눈에 띄게 작아져야 할 터이다. 그리고 그 다음은 더 작아지고, 그 다음은 더욱 작아져야 할 것이다. 즉, 혜성의 크기는 혜성이 지구를 방문하는 횟수가 많으면 많을수록 작아져야 할 터이다. 그러다가 몸통을 구성하는 마지막 성분이 우주 공간으로 떨어져 날아가는 순간, 혜성도 우주 공간에서 사라져야 할 것이다.

그렇다. 오류를 발견하기 어려운 생각이다. 그러니 이러한 추측대로라면, 혜성의 크기는 시간이 흐를수록 작아져야 하고, 그 숫자도 눈에 띄게 감소해야 할 터인데, 매년 지구에서 관찰되는 혜성의 크기와 숫자는 별다른 변동이 없다. 이것은 정말 곰곰이 되짚어 보아야 할, 자연의 아이러니가 아닐 수 없는 현상이다.

이러한 난제를 해결하기 위해 미국의 천문학자 쿠이퍼(Kuiper)는 다음과 같은 제안을 했다.

명왕성 너머에 소규모 천체의 무리가 띠의 형태로 존재하고 있다.

즉, 태양계의 생성 초기에 행성을 만들고 남은 조각들이 명왕성 바깥에 띠처럼 길게 걸쳐 있을 것이라고 쿠이퍼는 본 것이다. 그러면서 그는 "혜성이 태양계로 들어오고 돌아가는 장소가 바로 그곳이다."라고 주장했다.

쿠이퍼의 설명대로 그곳이 정녕 혜성의 저장 창고인지 아닌지는 아직까지 명확한 진위가 판가름 나지 않은 상황이다.

하지만 그의 예상대로 명왕성 바깥에 소규모 천체들로 이루어진 기다란 띠가 둘러져 있음은 고성능 천체 망원경으로 확인이 되었다. 이 띠를 쿠이퍼 대(帶, belt)라고 부른다.

더불어 쿠이퍼에 앞서 혜성 창고에 대한 아이디어를 제안한 학자가 있었다. 네덜란드의 천문학자 오르트(J. H. Oort)가 그였는데, 그는 태양계 너머의 우주 공간에 태양계를 휘감는 혜성의 구름 층이 존재한다고 믿었다. 그는 그것을 오르트 구름(Oort clouds)이라고 했다.

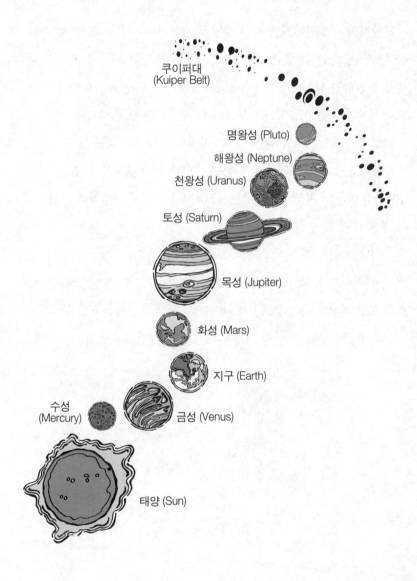

쿠이퍼대
(Kuiper Belt)

명왕성 (Pluto)

해왕성 (Neptune)

천왕성 (Uranus)

토성 (Saturn)

목성 (Jupiter)

화성 (Mars)

지구 (Earth)

수성
(Mercury)

금성 (Venus)

태양 (Sun)

▌태양계의 끝은

태양계의 구성원이라고 하면 태양을 공전하는 아홉 개의 행성(수성, 금성, 지구, 화성, 목성, 토성, 천왕성, 해왕성, 명왕성)과 그 행성의 둘레를 회전하는 위성과 2000개가 넘는 소행성과 유성을 포함한다. 그리고 거기에 어김없이 들어가는 또 하나의 천체가 바로 혜성이다.

그렇다면 태양계의 끝을 명왕성까지라고 잘라 생각하는 태도는 결코 바람직스럽지 않은 듯싶다. 왜냐하면 혜성이 정녕 태양계의 구성원이라고 하면, 혜성의 저장 창고가 있는 곳까지를 태양계의 영역에 포함시켜야 할 것이기 때문이다.

그러나 아쉬운 건 과학-기술이 그러한 바람에 따라 주지 못한다는 점이다. 아직까지 목성에도 발을 디디지 못한 우리이기에 현실로 돌아와 생각해 보면 혜성의 저장 창고까지 간다는 것 자체가 요원한 꿈인 듯싶다.

그러한 꿈이 진정 가까운 미래에 현실로 와 닿기를 간곡히 고대하며.

달은 어떻게
달의 탄생설

▌달의 기원설

지구의 자식과도 같은 달, 그러기에 우리의 선조들은 예부터 달을 무척이나 반기며 달가워 했다.

그러나 아직까지도 우리는 달이 어떻게 생성되었는지에 대한 딱 부러진 해답을 찾아내지 못하고 있다. 이러저러한 식으로 탄생된 게 아닐까 싶은 정도의 어렴풋한 여러 추측만이 다양하게 난무할 뿐이다.

그렇다. 달의 기원과 초기 진화 과정을 상상하고 예측하는 가설은 무수하다. 하지만 그 많은 가설 가운데 과학자의 이목을 끈 건 다음의 4가지로 압축된다.

1. 분열설 : 지구의 일부가 떨어져나가 달이 형성되었다고 보는 가설. 친자설이라고도 한다.

2. 응집설 : 지구가 형성될 때 달도 같은 먼지와 가스에 의해서 탄생했다는 가설. 형제설이라고도 한다.

3. 포획설: 태양계의 다른 장소에서 생긴 달이 지구의 중력에 이끌려 들어왔다는 가설. 타인설이라고도 한다.

4. 거대 충돌설: 적잖은 크기의 천체가 지구와 충돌하면서 달이 만들어졌다는 가설. 자이언트 임펙트(giant impact) 설이라고도 한다.

달 생성 추측도

이들에 대해 좀더 자세히 살펴보도록 하자.

분열설

분열설은 과학적으로 가장 먼저, 그리고 가장 오랫동안 유력하게 받아들여진 달의 기원설이다.

분열설은 달의 탄생을 이렇게 설명한다.

"타원체로 뭉쳐진 초기의 가스 덩어리가 급격한 회전 운동을 하면서 원심력이 강하게 밖으로 작용하게 되었고, 그러면서 달이 분리 되었다."

분열설은 지구의 표면 밀도와 달의 평균 밀도가 엇비슷하다는 점을 그 근거로 내세운다.

더불어서 달이 떨어져 나간 자리가 지금의 태평양 부근일 거라고 말한다. 즉, 달이 떨어진 나간 자리에 물이 흘러 들어서 태평양이라고 하는 거대 바다가 형성되었다고 주장하는 것이다.

그러나 분열설은 여러 사실들을 제대로 설명해 내지 못하는 한계를 보인다.

우선, 달이 지구로부터 떨어져 나가기 위한 원심력을 얻기 위해서는 적어도 지구의 자전 주기가 지금보다 10여 배 이상 빨라야 하는데, 이걸 뒷받침할만한 증거를 제시하지 못한다.

그리고 달이 지구에서 분리되었다면, 처음에는 로쉬 한계(위성이 행성으로부터 일정 거리 내에 접근하면 기조력 때문에 부숴진다) 내에 있었을 텐데, 왜 달이 산산이 조각나지 않았을까 하는 점에 대한 명쾌한 설명이 부족하다.

또한 태평양의 지질 구조는 분열설에 의한 해석보다는 판 구조론을 통한 설명이 더욱 설득력이 강하다.

▌응집설

응집설은 분리설의 반대 개념으로 보면 된다. 즉, 지구와 달이 같은 시기에 같은 물질과 같은 방법으로 뭉쳐져서 이루어졌다고 보는 가설이다.

응집설은 달의 탄생을 이렇게 설명한다.

"지구가 형성될 즈음, 지구 옆에선 지구를 구성한 것과 똑같은 물질이 모여서 크고 작은 여러 덩어리를 만들었는데, 그 중 가장 큰 것이 달이다."

달에서 가져온 암석과 지구의 나이(45억 살)가 다르지 않다는 점은 응집설을 옹호하는 증거다.

하지만 응집설은 지구-달의 상대적 크기와 관계가 태양계의 여러 행성-위성의 어울림과 적잖은 부조화를 이룬다는 점을 명확히 설명하지 못한다.

예를 들어, 금성이 지구와 엇비슷한 크기임에도 위성이 없다는 점, 화성은 두 개의 위성(포브스와 데이모스)을 가지고 있지만 크기가 보잘것 없다는 점, 포브스와 데이모스가 화성과 동시에 그것도 같은 물질로 형성되었다고 보기 어렵다는 점, 목성 토성 해왕성이 거느린 위성은 상대적으로 작은데 비해 달은 기형이랄 만큼 크다는 점을 명쾌하게 설명해야 하는데 그렇지 못한 것이다.

▌포획설

포획설은, 지구와 달은 원래 상관이 없는 독립된 천체였는데 우연한 기회에 서로 가까이 접근하다가 달이 지구의 위성으로 이끌려 들어왔다고 보는 가설이다.

말하자면, 지구가 달을 잡아당겨서 현재의 궤도에 묶었다고 보는 가설이 포획설인 것이다.

포획설은 달의 탄생을 이렇게 설명한다.

"태양계가 형성되고 10억년 쯤 흘렀을 무렵, 달이 지구에 접근했다. 조석 현상이 강하게 일면서 달과 지구가 마주한 쪽이 크게 솟아 올랐다. 달은 지구의 로쉬 한계를 벗어나기 위해 발버둥쳤고, 솟아오른 쪽이 마찰에 의해 엄청난 에너지를 잃었다. 그 후 조금씩 연이어진 조석 현상이 달의 자전 속도를 점차 줄여 현재의 모습으로 정착시켰다."

포획설은 얼핏 보기에 달의 기원에 관해 그럴 듯한 설명을 곁들여 주는 듯 보인다.

하지만 이것도 완벽하지는 못해서, 지구가 달을 잡아서 가둔 것이라면, 달이 지구에 붙들리기 전에 머물렀던 애초의 장소가 태양계 어디쯤이며, 어떻게 해서 무슨 연유로 지구에 접근했는지에 대한 합당한 증거 제시가 있어야 할 터인데 그것이 부족하다.

▌거대 충돌설

거대 충돌설은 미지의 행성이 지구와 충돌했다는 이론으로, 근래에 들어와서 크게 각광 받는 가설이다.

거대 충돌설은 달의 탄생을 이렇게 설명한다.

"지구가 생성되고 얼마 지나지 않은 때, 미지의 행성이 날아와서 지구와 격렬히 충돌했다. 그 충격으로 인해, 지구와 미지의 행성 일부가 기체와 먼지로 솟아오르며 날아갔고, 그것은 지구 둘레를 회전하고 있던 여러 미립자들과 어우러져서 천체를 생성했다. 그것이 달이다."

즉, 거대 충돌설은 행성이 생성될 무렵, 태양계 내부에 혼란스럽게 흩어져 있던 무수한 암석 조각과 먼지 입자가 수시로 충돌하고 뭉쳐지면서 달이 탄생했을 것이라고 예상한다.

1974년 발표된 이 가설은 아직까지 특별한 문제점이 발견되지 않고 있다.

더구나 1984년 컴퓨터에 의한 두 천체의 모의 충돌 실험이 매끄럽게 이루어진 후, 달 탄생 이론으로서의 입지를 더욱 확고히 다져가고 있다.

하늘을 올려다보니
목성 탐구

▌실망

우리는 너나없이 모두가 너무 바쁘게 살고 있다. 잠시만이라도 하늘을 올려다보는 여유로움 마저 잊어버린 채 말이다.

허나 하늘을 향해 고개를 들어 봐야 무엇하랴. 찌든 공해로 인해 별들은커녕 여린 별빛조차 만나기 어려운 걸.

그러나 피서를 다녀온 후면 이런 사정은 사뭇 바뀌어진다. 해안가나 계곡의 돌 위에 누워서 마주한 하늘은 그야말로 꿈 같은 하늘의 진수를 여지없이 보여주니까.

그 황홀했던 기억을 잊지 못해, 도심으로 돌아온 우리는 의식적으로 또는 무의식적으로 고개를 꺾어 밤하늘을 마중해본다. 이렇게 말이다.

그와 그녀는 아파트 단지로 들어서며 고개를 들어 하늘을 올려다보았다. 피서지에서 보았던, 곧이라도 떨어져 내릴 듯싶은 깨알 같은 은하수를 그리며.

그러나 그들의 두 눈동자와 뇌리로 곧바로 날아든 건 한숨 섞인 낙담뿐이었다. 화려하게 별빛을 발하고 있는 무수한 별들은 고사하고, 공해로 찌들대로 찌들어 버린 하늘은 가냘픈 별빛조차 드러내 보여주지 않는 것이었다.

그런데 그렇게 실망스레 고개를 떨구고 있는 그들의 시야에 큼지막한 물체 하나가 확 들어오는 것이 아닌가.

"별이다!"

그들은 누가 먼저 랄 것도 없이 감격에 찬 눈빛으로 하늘의 그 물체를 곧게 뚫어져라 응시했다.

그러나 뒤이어 들린 어느 사내의 말은 그들의 그런 기분을 무참히 앗아가 버리기에 충분했다.

"저건 별이 아니라, 태양계의 가장 큰 행성인 목성이라구."

236

▌파이어니어 10호

미국은 1958년부터 파이어니어 계획을 진행하면서 13개의 우주선을 쏘아올렸다. 그 가운데 목성에 근접해서 자료를 보낸 우주선이 파이어니어 10호였다.

파이어니어 10호는 25년 여 동안 270kg의 몸통을 이끌고 1조km에 가까운 우주 유영을 하며 최근접 거리에서 목성의 사진을 찍는데 성공했다.

하지만 파이오니어를 발사하면서도 대다수의 과학자들은 파이어니어 10호의 임무 달성 여부에 대해 반신반의한 게 사실이었다. 이유는 이러했다.

"초고속으로 항진하는 파이어니어 10호는 콩알만한 우주 피편과 충돌해도 치명적인 손상을 입을 수가 있다. 그런데 파이어니어 10호가 목성까지 도달하기 위해선 그런 잔잔한 돌덩이가 무진장 존재하는 소행성대를 거쳐가야 한다. 파이어니어 10호가 그곳을 무사히 통과하리라고 장담할 수 있는 과학자는 많지 않으리라고 본다."

그러나 파이어니어 10호는 그런 불안감을 말끔히 씻으며, 소행성대를 지나 목성 가까이에 도달하는데 성공했다.

이 결과를 놓고 파이어니어 프로젝트를 이끈 책임자는 이렇게 말했다.

"파이어니어 10호가 목성까지 도달해 지구로 사진을 전송한 건 실로 기적에 가까운 일이다."

그는 계속해서 파이어니어 10호의 업적에 대해 찬사를 아끼지 않았다.

"파이어니어 10호는 인류 우주사에 영원히 기억될 우주선으로 남을 것이다."

▌목성의 정체

목성은 지구와 태양 사이의 다섯 배 되는 거리에서 태양을 공전하는, 태양계의 가족 가운데 가장 크고 무거운 행성이다. 그런 만큼 표면 중력도 상당해서, 목성에서 잰 몸무게는 지구에서의 2.5배 가량으로 증가한다.

목성은 태양계의 최대 행성이다. 그래서 외부에서 볼 때 '태양계는 태양과 목성이라는 두 개의 별로 이루진 행성계다' 라고 여길 수도 있으리라고 본다. 실제로 목성은 태양에 영향을 끼치는데, 그 결과 태양의 운동은 미세하게나마 이탈한다.

목성은 맨눈으로 볼 수가 있으며, 소형 망원경을 이용하면 아름답고 푸른 오렌지 빛 줄무늬까지 또렷한 확인이 가능하다. 더구나 고 배율 망원경을 이용한다면 목성 둘레를 공전하는 위성들까지 명확하게 관측할 수가 있다.

목성의 적도 아래로 대적반(大赤斑, great red spot)이 있다. 1830년 확인된, 남북 1만3천㎞ 동서 2만5천㎞에 달하는, 지구가 들어가고도 남을 타원형의 거대한 붉은색 반점은 시속 13㎞의 적잖은 속도로 이동하는데, 이것은 목성의 대기에 의해 생긴 초대형 소용돌이로 확인되었다.

목성의 대기는 수소나 헬륨 같은 가벼운 원소로 이루어져 있으며, 연한 두부와 같은 상태다. 그처럼 연약한 몸뚱이를 가지고 있는 데다 지구보다 2배 이상 빠른 속도로 자전을 하는 까닭에 약간 짓눌린 듯한 고무풍선 모양을 하고 있다.

목성은 대기 온도가 낮고 중력도 커서 대기의 탈출이 용이하지 않다. 그 결과 수 천㎞에 달하는 대기층이 누르는 압력 때문에, 목성의 내부는 기체가 액화 상태로 존재하며, 더 깊숙한 곳은 지구 대기의 1천만 배가 넘는 엄청난 압력을 받아 금속에 버금가는 상태로 이루어져 있다.

▌목성의 위성

목성은 그 거대한 규모 만큼이나 거느리고 있는 위성의 수도 대단해서, 최근까지 발견된 것만 16개다. 목성의 위성을 1번부터 16번까지 순서대로 적어보면 다음과 같다. 괄호 속 숫자는 위성의 발견 연도다.

〈이오(1610), 에우로파(1610), 가니메데(1610), 칼리스토(1610), 아말테아(1892), 히말리아(1904), 엘라라(1905), 파시파에(1908), 시노페(1914), 리시테아(1938), 카르메(1938), 아난케(1951), 레다(1974), 테베(1979), 아트라스테아(1979), 메티스(1979)〉

이 중 안쪽에 위치한 12개는 목성의 자전 방향과 같은 쪽으로 회전하고, 바깥쪽 4개(파시파에, 시노페, 카르메, 아난케)는 반대 방향으로 공전한다.

목성이 거느린 16개의 위성 가운데, 갈릴레오가 1610년에 손수 제작한 망원경으로 발견한 4개의 위성이 특히 유명하다. 이름하여 갈릴레오 위성이라고 부르는, 그리스 신화 속 제우스와 관련된 인물들의 이름을 따서 명명한 (이오, 에우로파, 가니메데, 칼리스토)는 아리스토텔레스의 이론을 뒤엎고, 코페르니쿠스의 지동설을 명백히 입증한 과학사적으로도 의미심장한 위성들이다.

▌파이어니어 10호의 퇴역

파이어니어 10호가 임무를 완수하고 퇴역하는 순간, 미 국립항공우주국은 공식 발표를 냈다.

"1997년 3월 31일 오전 11시 45분, 케네디 우주센터와 파이어니어 10호의 통신이 단절되었다."

파이어니어 10호의 에너지를 생산하는 핵 발전기가 그 시각으로 작동 중단된 것이다.

그럼에도 파이어니어 10호는 계속해서 지구로 정보를 쏘아보냈다. 그러나 그 정보가 너무 미약해서 자료로 재생해 사용하기는 어려웠다.

통신이 두절된 이틀 후부터는 1조분의 1와트의 미미한 전기적 신호가 감지될 뿐이었다.

이렇게 해서 파이어니어 10호는, 목성의 중력이 야기하는 척력을 타고서, 우주 공간 저 너머를 향한 끝없는 방랑의 길로 접어든 최초의 지구 우주선이 되었다.

▌보이저 탐사

파이어니어 10호의 성공에 용기 백배한 미국은 보이저 1호와 2호를 목성으로 쏘아올렸고, 깜짝 놀랄 수많은 정보를 탐사선으로부터 얻는데 성공했다. 그 중에서도, 목성에도 토성과 같은 띠가 존재한다는 사실은 특히 과학자의 주목을 끌기에 충분했다.

보이저 탐사선이 보낸 사진은 파이어니어의 것보다 수백 배나 선명해서 과학자들을 흥분으로 몰아넣곤 했다.

보이저 1호가 목성의 제1 위성인 이오에 접근했을 때였다. 짙푸른 우주 공간을 배경 삼아 이오가 화산을 분출하는 장엄한 우주 드라마를 칼라 사진으로 받아 본 항공우주국 관계자들은 절로 감탄사를 연발했다.

"목성의 달(이오 위성)은 살아 있다!"

보이저 탐사선은 차례로 목성의 제2 위성 에우로파, 제3 위성 가니메데, 제4 위성 칼리스토의 모습을 근접 촬영한 생생한 사진을 지구로 찍어 보냈다. 그렇게 보내온 사진은, 갈릴레오 위성 중 칼리스토에 가장 많은 화구가 있음을 또렷하게 보여주었다.

이 결과를 과학자들은 이렇게 분석했다.

"갈릴레오 위성 가운데 가장 먼저 생성된 건 칼리스토다."

그들이 이런 결론을 내린 것은 다음과 같은 근거에 기인했다.

"화구의 대부분은 운석과 충돌해서 생긴다. 그러므로 화구가 많다는 건 그 만큼 오랫동안 운석의 공격을 받았다는 증거에 다름 아니기 때문이다."

화성으로부터의 운석
외계 생명체

▌운석, ALH 84001

1996년 8월 6일, 미국 항공우주국, 이른바 나사(NASA)는 다음과 같은 뜨끔한 발표를 했다.

"—1만 3천 년 전 지구에 낙하한 화성의 운석에서 외계 생물체가 존재할 수도 있는 증거를 포착했습니다—."

나사 국장은 이렇게 설명하면서, 이 생명체가 극히 미세하고 단세포적인 구조를 갖고 있으며, 지구에 서식하는 박테리아와 매우 흡사하다고 덧붙였다.

하지만 아직은 이보다 더 진화한 고등 생물이 화성에 존재한다는 사실을 뒷받침할만한 그 이상의 암시나 증거는 확인하지 못했을 뿐만 아니라, 이번에 발견한 생명체가 우리가 외계인 영화에서 흔히 접하는 형태의 생물체도 아니라고 했다.

미국과 서방 언론은 미 항공우주국의 미공개 보고서를 인용, ALH

84001이라고 명명된 문제의 운석이 1984년 남극의 앨런힐스 빙하 지대에서 발견되었고, 자연 그대로의 원시 미생물 화석을 포함하고 있으며, 최첨단 전자 현미경과 레이저 스펙트럼 분광기를 이용해서 약 35억 년 전 지구에 생존했던 박테리아와 매우 유사하다는 사실을 확인했다고 보도했다.

한편, 이와 관련해 일련의 과학자들은, 이 운석이 화성 표면 폭발 시 떨어져 나와서 우주 공간을 방랑하다가 지구에 옮겨왔을 가능성이 높다고 주장한다.

반면 일부의 과학자는, 이 운석이 화성과는 상관 없이 떨어져 나온 운석일 수도 있다고 말한다. 우주 공간에 퍼진 가스 사이에서 우연히 생성된 화합물로, 생명체의 활동과는 무관할 수도 있다는 의문을 제기하고 있는 것이다.

▌화성 생명체

지금까지 이어져온 생명 기원론은 크게 둘로 양분된다. 지구 생명체론과 외계 생명체론으로.

그러나 그 동안 두 그룹이 수많은 논쟁을 팽팽히 벌여왔음에도 불구하고, 지구 너머에 고등 생명체는 절대 존재하지 않는다,라고 하는 주장이 현실적 설득력을 가진 게 사실이었다. 지구 밖에 외계 생명체가 존재할 가능성이 공상적이나 이론적으로는 어느 정도 신빙성이 있음에도, 인간의 오감(五感)이 느끼고 받아들이는 증거적 확보의 어려움 때문이었다.

그런데 미 항공우주국과 존슨 우주센터의 과학자들이 운석 ALH 84001을 통해, 35억 년 전 화성에 미시 생명체가 서식했을 가능성을 시사한 것은, 외계 생명체론 주장자에게 무게를 한껏 실어주기에 부족함이 없을 듯 싶다.

이번 발견은 우주 과학의 적잖은 성과물로 꼽히는 사건이 아닐 수 없다. 만약 그들의 언급대로 화성 생명체론이 거짓이 아닌 것으로 판명될 경우, 이것은 인류를 포함한 지구 생물의 기원을 밝히는 중요한 단서가 될 뿐만 아니라, 지금까지 고수해온 우주관에 일대 변환을 예고하는 코페르니쿠스적 대전환에 다름 아닐 터이다.

ALH 84001은 지구에서 발견한, 화성에서 날아온 가장 오래된 운석으로 미 국립 과학 재단이 남극에서 발견해 1993년까지 연구실의 보관함 속에 고이고이 보관 해오던 것이다.

과학자들은 앨런힐스가 1천 5백만 년 전 화성에서 떨어져 나와 우주 공간을 떠돌다가, 1만 3천 년 전 지구의 남극 지방에 충돌한 것으로 보고 있다.

그들은 2년 여에 걸친 연구 끝에, 화성의 형성 초기에 만들어진 암석 ALH 84001이 서서히 식기 시작했고, 10억 년 뒤에는 미세한 틈이 생겨났고, 그 속으로 미시 생명체가 들어가서 성장한 것으로 상상한다.

또한 그들은 40억 년에서 35억 년 전쯤, 화성은 뜨겁고 습기가 많았기 때문에 운석의 쪼개진 틈새로 지하수가 스며들어서 생명체가 태동할 수 있는 토대를 버젓하게 마련했으리라고 추정한다.

더욱이 당시 화성의 대기 속에 들어 있던 탄소 화합물은 물을 진뜩 품고 있던 상태 여서, 미생물이 운석 속에 스며들어가서 살기에는 부족함이 없는 환경을 제공했다는 분석이다.

앨런힐스 속에서 찾아낸 화성 생명체는 달걀이나 파이프의 모양새로, 가장 큰 것이 인간 머리카락 지름의 1백분의 1정도에 가깝고, 지구에서 발견되는 몇몇 박테리아와 형태와 크기가 놀랄 만큼 비슷한 것으로 알려져 있다.

더불어 ALH 84001에서 찾아낸 물질은 다핵방향족 탄화수소 (PAHs)로서 지구 생명체의 근간을 이루는 탄소 화합물이다.

그리고 존슨 우주센터 화성 연구팀장은 고해상도로 확대한 사진을 제시하면서, 수십억 년 전 화성에 생명체가 살았다면 현재도 가능할 수 것이란 가설에 한층 매력을 더해주었다.

일부의 과학자들은 화산 활동이 왕성했을 때 모습을 드러냈던 미생물이 화성이 냉각되면서 지하 깊숙한 곳으로 이동을 했고, 그곳에서 지금도 생존해 있을 가능성을 조심스레 지적하고 있다.

▌외계 행성계

지구에는 생명체가 득실득실하다. 가히 생명체의 천국이라 해도 과언이 아닐 듯 싶다.

그렇다면, 다음과 같은 추론은 매우 자연스러울 듯싶다.

"지구와 엇비슷한 환경을 갖추고 있는 행성이라면, 그곳에는 생명체가 있을 가능성이 높다."

지구는 어떤 환경에 자리하고 있는가.

우선, 태양이라고 하는 거대한 항성(별)의 따뜻한 보살핌을 받으며 자전하고 그 둘레를 공전하고 있다. 그리고 매초마다 막대한 수소 폭탄을 터뜨리는 양에 버금가는 열과 에너지를 사방으로 마구마구 쏟아 뱉는 태양으로부터, 너무 가까이 위치하고 있지도 그렇다고 너무 멀리 떨어져 있지도 않다. 그러기에 수성처럼 영상 수백 도까지 치솟고, 명왕성처럼 영하 수백 도까지 급강하는 기온과는 거리가 먼 적당한 온도를 유지할 수가 있어서, 생명체가 삶을 누리기에는 더없이 포근한 행성이 된다. 거기에다 숨쉬기에 넉넉한 대기와 마시기에 부족하지 않은 물까지 어느 곳에 가든 흔하게 접할 수가 있으니, 생명체가 보금자리를 틀기에는 더없이 좋은 무릉도원인 셈이다.

그러니 외계 생명체가 있을 법한 장소는, 이와 같은 지구적 환경에서 크게 벗어나지 않는 조건을 갖춘 행성이면 충분할 터이다. 다시 말해서, 태양계 너머 우주 공간 어딘가에 생명체가 살아 숨쉬고 있기 위해서는, 적어도 빛을 뿜어내는 태양 같은 항성이 중심에 있어야 하고, 그 둘레를 회전하는 행성이 있어야 하며, 온도 공기 물과 같은 행성 내부의 여러 조건이 적절히 규합되어야 한다는 의미이다.

이런 근거를 놓고 본다면, 외계 생명체를 찾는 문제는 태양-지구와 같은 항성-행성계를 찾는 문제로 귀착한다.

항성-행성계를 찾기 위해서 흔히 쓰는 방법은 별이 움직이는 상태를 관측하는 것이다.

행성은 예외 없이 항성 주위를 공전하지만, 항성 역시 정지해 있는 건 아니다. 대부분 초속 수십 킬로미터 이상으로 하늘을 가로지르는 운동을 한다. 그런데 항성이 행성을 거느리지 않았다면, 별은 직선 운동을 하게 된다. 그러나 반대로 행성을 거느렸다면, 항성은 행성의 인력에 의

한 섭동(perturbation)으로 꼬인 궤도를 그리게 된다.

그리고 행성은 스스로 빛을 발하지 못하고, 항성이 내뿜은 강력한 빛을 받아서 반사하기 때문에, 가깝게 있다 하더라도 별의 거대한 광채에 짓눌려서 찾아내기가 수월하지가 않다. 그래서 행성은 관측이 어려워도, 상대적으로 밝은 항성의 움직임은 관측이 가능한 것이다.

이런 사실을 통해, 우리는 그 별이 행성을 달고 있는지 아닌지의 여부를 판단할 수가 있는 것이다.

외계 행성계의 확인은 적외선 관측으로도 가능하다. 태양처럼 표면온도가 6,000도에 이르는 별은 적외선을 거의 방출하지 않는다.

따라서 그 정도의 열을 방출하는 별 주위에서 적외선이 관찰된다면, 아마도 그곳에는 항성보다 온도가 한참 낮은 행성이 돌고 있다는 간접적 암시가 될 터이다.

우주 공간으로 쏘아올린 적외선 천문관측위성(IRAS)이 수십만 개의

적외선을 내놓는 천체를 보고해 오고 있는데, 그들 모두가 행성을 달고 있다고는 단언키 어려워도 모름지기 상당수는 항성-행성계일 확률이 높다.

▌생물이 사는 행성

우리의 관심사는 막연히 항성-행성계를 발견하는 것에서 멈추지 않는다. 그곳에 반듯한 생명체가 서식하고 있는지, 인간 같은 생명체가 넘쳐 나는지, 우리보다 더 고등한 생물이 득실득실한 지에 우리의 관심은 초점이 맞춰져 있다.

앞에서도 언급했듯이 행성에 생물이 터를 잡기 위해서는 여러 가지의 다양한 부대 조건이 필수적이다. 온도, 공기, 물 등등.

하지만 이것이 어디에 얼마나 있어야 하는지 등등의 범위를 잘라 말할 수는 없을 듯 싶다. 미 항공우주국에서 화성 생명체론을 제기한 이후 며칠 지나지 않아서 수백도의 뜨거운 온도에서 생명을 부지하는 생명체를 발견했다는 보고가 나오지 않았던가.

그럼에도 이것은 아주 특별한 예라고 볼 수 있을 터이므로, 일반적으로는 물이 액체 상태로 존재하는 환경이면 생명체가 삶을 트는 데는 그다지 큰 어려움을 겪지는 않으리라고 본다.

또한 생명체의 서식 여부는 별의 온도에도 굉장한 영향을 받는다.

항성의 온도가 너무 낮으면 행성이 별 가까이 모이게 되고, 그래서 좁아진 영역 탓에 생물체가 존재할 확률은 그만큼 낮아진다

반면 항성의 온도가 너무 높으면, 거기에는 또 다른 문제가 발생한다.

뜨겁고 크고 무거운 별은 에너지 소모가 많아서 수소가 빠른 속도로 소모하는 까닭에 수천만 년 정도 밖에는 모습을 유지하질 못한다. 지구에 최초의 생명체가 탄생한 것이 35억 년 전이라는 사실을 상기해 보면, 1,000만 년의 단위는 생물의 진화는커녕 태동을 위해서도 너무 짧은 기간이 아닐 수 없다.

그래서 너무 차갑거나 뜨거운 별 주위의 행성계에는 생물이 서식할 확률이 낮아지는 것이다.

결국, 생명체는 우리 지구와 유사한 환경을 갖고 있으며, 온도가 적당한 별에서 탄생과 진화의 파노라마가 손쉽게 이루어지리라고 본다.

태양계에 이러한 추론을 그대로 적용시켜 보면, 지구를 중심으로 안쪽으로는 금성, 바깥쪽으로는 화성 궤도에 걸치는 영역이 생명체가 터를 잡기에 적당한 공간이라고 볼 수 있을 터이다.

이 외에도 생명체의 존재 가능성에는 행성의 크기도 적잖이 영향을 준다. 행성이 작으면 중력이 크지 않아서 대기가 우주 공간으로 달아나 버린다. 달에 대기가 없는 이유이다.

반대로 행성이 크고 무거우면 원시 대기가 그대로 눌러 앉아 있게 돼서 생물에게 절대적으로 필요한 산소가 탄생할 소지가 높지 않게 돼 생물의 진화는 요원해진다.

이러한 모든 상황을 종합해 보면, 우리 은하계 속의 약 1000억 개에 달하는 방대한 별들 중에서, 100분의 1 정도가 생물이 서식하기에 적당한 환경을 갖추고 있으리라고 추측된다.

그럼에도 백도 이상의 고온에서 생존이 가능한 미생물이 발견되었다는 보도가 있는 것을 보면, 반드시 산소만 먹고 자라는 생명체만 있으란 법은 없을 터이다. 이산화탄소를 주식으로 삼든, 암모니아를 마시든, 탄소를 씹든 그것은 그 누구도 모를 일이다.

▮드레이크 공식

1970년. 나사의 연구 센터에 모인 여러 과학자들 앞에서 드레이크(Drake) 교수는 "우주 생명 사회의 수"라는 이름으로 공식 하나를 발표했다. 이름하여 외계 생명체의 수를 가늠해보기 위해서 고안한 드레이크 공식이 그것이다.

드레이크 공식은 다음과 같은 모양을 띤다.

$$N = R_{\#} f_p n_e f_e f_i f_c L$$

드레이크 공식에 쓰인 7개의 변수는 다음과 같은 정의를 담고 있다.

$R_\#$: 별들이 탄생하는 평균 속도

f_p : 태양계와 비슷한 형태를 갖추고 있는 별의 수

n_e : 생명체의 탄생과 진화에 적합한 자연 환경을 갖춘 행성의 수

f_e : 생명체가 보다 고등한 형태로 진화해 있는 행성의 수

f_i : 손을 능란하게 사용할 수 있는 생명체가 서식해 있는 행수의 수

f_c : 성간 통신을 할 수 있을 정도의 지적 능력이 있는 생명체가 존재
하는 행성의 수

L : 기술 문명 사회의 평균 수명

드레이크 공식을 우리 은하계에 적용해서 얻은 결과에 따르면, 매우 아이러니컬하게도, N＝1이란 결과가 나온다. 물론, 이 결과는 크게 낙관적이지도 그렇다고 절대 비관적이지도 않은 수치를 집어넣어서 산출한 이론 값이다.

N＝1이란, 우리 은하계에 존재하는 무수한 별들 가운데 지적 능력을 갖고 있는 우주적 생명체는 단 하나란 뜻이다.

곰곰이 생각해 보면, 그도 그다지 그른 결과만은 아닌 듯 싶다. 너에게, 그에게 그리고 나에게, 확실한 생명체의 세계를 대 보라고 질문을 던져 보았을 때, 머리 속에 그려져 당장 불어재칠 수 있는 곳은 지구 단하나 밖에 없지 않은가.

그래서 N＝1인 것이고, 적어도 지금 이 순간까지는 지구인이 우주의 중심적 생명체일 수밖에 없는 것이다. 과거 코페르니쿠스가 움직이는 건 태양이 아니라 지구라는 사실을 과감히 지적하기 전까지 그랬던 것처럼, 적어도, 적어도 아직까지는 그렇단 말이다.

빛조차 빠져 나오지 못하는 구멍
블랙홀을 찾아서

▌블랙홀의 발자취

중심에서 빨아들이는 힘이 너무도 강력해서, 그 속으로 한번 휩쓸려 들어가면 빛조차도 빠져 나오지 못하는 블랙홀(검은 구멍, Black Hole). 블랙홀이 이처럼 강력한 모습을 띨 수 있는 것은 다름아닌 중력 때문이다.

중력 이론의 체계를 최초로 엄밀히 세운 인물은 물리학자 뉴턴(I. Newton, 1642~1727)이다. 그는 이렇게 말했다.

"한도 이상의 속도로 투사하면, 물체는 별의 중력을 이기고 달아나서 다시는 되돌아오지 않은 영원의 방랑자가 된다."

뉴턴의 이러한 생각에 뒤를 이어서, 영국의 미첼(J. Michell)이 새로운 각도로 중력을 조명하는 발언을 했다.

"중력의 세기가 거대해서 빛조차 탈출이 불가능한 전제를 상상해 볼 수가 있다."

미첼의 생각은 프랑스의 대과학자 라플라스(P. Laplace, 1749~1827)의 지지를 받았다. 라플라스는 자신의 생각을 이렇게 피력했다.

"다른 물체처럼 빛도 중력의 영향을 받는다고 본다. 지구와 엇비슷한 밀도에 지름은 태양의 250배 이상인 별에서 나오는 빛은, 강력한 인력 때문에 우리에게 도달하지 못한다. 그래서 우주 곳곳에 존재하고 있을 이러한 천체는 우리의 눈에 보이지 않을 것이다."

미첼과 라플라스의 생각은 분명 획기적인 이론이었다. 하지만 너무 획기적이었다는 것이 그걸 받아들이지 못하게 하는 이유이기도 했다.

블랙홀의 존재에 대한 가능성이 재차 부상하며 본격적인 논의가 이루어지기 시작한 것은 20세기에 들어와서 였다. 불세출의 물리학자 아인슈타인(A. Einstein, 1879~1955)이 특수상대성 이론과 일반상대성 이론을 발표하면서, 블랙홀의 신비가 다시 거론된 것이다. 하지만 그때까지도 블랙홀에 대한 과학자들의 태도는 반신반의하는 수준이었다.

그러다가 블랙홀에 대한 연구가 다시 불붙기 시작한 1969년, 미국의 휠러(J. Wheeler)가 빛조차 빠져 나오지 못하는 미지의 천체를 블랙홀이라고 처음으로 부르면서부터, 블랙홀은 점차 현실적인 존재로 와 닿게 되었으며, 그렇게 다시 불거진 블랙홀 탐구 과정에서 빼놓을 수 없는 인물이 영국의 물리학자 호킹(S. Hawking)이다.

호킹은 1974년 이렇게 말했다.

"우주 공간에 무수하게 퍼져 있는 여느 천체처럼 블랙홀도 빛을 낼 수가 있다."

블랙홀에 대한 기존의 통념을 뒤엎는 이러한 이론이 발표되자, 물리학자들의 태도는 급변했다. 블랙홀은 이제 더 이상 철저히 무시당하고 소외당하는 미운 오리 새끼가 아니게 된 것이다.

▌휘어진 시공간

1905년 아인슈타인은 특수상대성 이론을 발표했다. 특수상대성 이론은 당시까지의 시공 개념을 일시에 뒤바꿔놓았다. 그러나 완벽하게 만족스러운 것은 아니었다. 중력에 대한 개념을 정확히 설명해낼 수 없는 한계에 곧바로 부딪힌 것이다. 이를 좀더 세밀히 보완하고자, 1916년에 발표한 것이 일반상대성 이론이다.

아인슈타인은 자신의 혁명적 이론을 확고하게 뒷받침해줄 수 있는 몇 가지 예를 제시했는데, 그 중의 하나가 빛의 휨이다.

"태양 표면에 근접해서 비행하는 빛은 중력의 영향을 받아서 휘어야 한다."

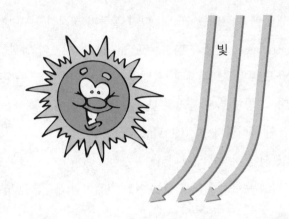

빛

　직진하는 빛이 휘다니! 상식적으로 믿기지 않는 이 사실을 확인하기 위해서 물리학자들은 일식을 이용했다. 개기일식이 일어나면 달이 태양을 가려주어서 별들을 어렵지 않게 관측할 수가 있기 때문이었다. 고배율 관측기기와 고감도 필름을 통해서 별빛의 진행 경로를 관측했더니 아인슈타인의 예언대로 빛이 태양 쪽으로 휘는 것이었다.

　아인슈타인은 빛이 휘는 현상을 이렇게 해석했다.

　"태양의 질량이 시공간을 굽어지게 하여 중력장을 휘게 만들기 때문이다."

　즉, 태양의 질량으로 인해서 휘어진 중력장을 따라 별빛이 이동하는 것이라고 아인슈타인은 설명한 것이다.

　그렇다면 중력이 강할수록 중력장은 심하게 굽어질 터이고, 물체는 곧게 떨어지지 못하고 굽은 경로를 따라서 휜 운동을 할 것이다. 예를 들어서, 탄력이 좋은 고무 천의 중심에 무거운 쇠구슬을 놓으면 가운데가 푹 꺼지는데, 이때 작은 구슬을 떨어뜨리면 큰 구슬 쪽으로 회전하면서 구르게 된다. 이 경우 큰 구슬을 천체, 작은 구슬을 빛, 고무 천을 휘어진 공간에 비유하면, 작은 구슬이 낙하하는 궤도가 상대성이론이 예견하는 빛의 궤도에 얼추 대응하는 것이다.

이와 같은 휘어진 시공간을 4차원 시공간이라 하고, 중력장에서의 빛의 휘어짐은 자연스럽게 블랙홀의 예언으로 이어졌다.

태양과 같은 그다지 밀도가 높지 않은 별의 주변도 중력의 영향으로 굽어지는데, 하물며 그보다 수십 수백 배 크고 무거운 천체의 주변 공간은 어떠하겠는가. 너무도 강력히 휘어져서 그 주변을 지나는 빛은 꺾이는 정도에 그치지 않고 삽시간에 블랙홀 중심을 향해서 빨려 들어가 다시는 헤어나오지 못하는 미궁의 자연 속으로 흘러 들어갈 터이다.

▌쉬바르츠쉴트 블랙홀, 커 블랙홀

시공간의 구조를 밝힌 아인슈타인의 상대성 이론은 따지고 보면, 하나의 중력장 방정식으로 압축될 수가 있다.

허나 중력장 방정식은 그 풀이가 간단치 않아서 아직까지도 그에 관한 해가 완벽하게 풀어지지 못한 상태다. 단지, 자전하지 않고 정지해 있는 블랙홀 같은, 단순한 몇몇 경우의 해가 알려져 있을 뿐이다.

정지해 있는 블랙홀에 대한 중력장 방정식은 1916년 독일의 쉬바르츠쉴트(K. Schwarzschild, 1873~1916)가 풀었다. 그래서 그러한 블랙홀을 쉬바르츠쉴트의 블랙홀이라고 부른다.

그리고 자전하는 블랙홀은 1963년 뉴질랜드의 커(Kerr)가 밝혔는데, 그래서 그러한 블랙홀을 커 블랙홀이라고 부른다.

커 블랙홀은 쉬바르츠쉴트 블랙홀과 여러 면에서 다른 특성을 보인다. 우선, 같은 질량의 쉬바르츠쉴트 블랙홀보다 상대적으로 작다.

예를 들어, 태양 정도의 항성이 쉬바르츠쉴트 블랙홀이 되기 위해서는 반지름이 3킬로미터로 수축해야 하는데, 커 블랙홀은 이보다도 반으로 감소한 1.5킬로미터로 줄게 된다. 참고로, 태양의 반지름은 695,700킬로미터이다.

블랙홀은 질량, 각운동량 그리고 전하 말고는 다른 물리적 특성을 갖지 않는다. 왜냐하면 이외의 특징들은 모두 사건의 지평선(블랙홀의 표면) 속으로 사라지기 때문이다. 그래서 물리학자들은 이러한 현상을, "블랙홀에는 털이 없다."라고 표현한다.

▌벌레구멍을 통한 우주 여행

시공간이 휘어 있다는 아인슈타인의 예견은 인간의 무한한 상상력을 끌어올리는데 크나큰 기여를 했다. 그것의 하나가 모든 물체를 빨아들이는 블랙홀이었는데, 블랙홀은 다시 화이트홀로 이어졌다.

화이트홀의 탄생은 다음과 같은 맥락에 근거를 둔다.

"자연에는 보존 법칙이 존재한다. 이걸 입구와 출구에 비유한다면, 들어가는 곳이 있으면 반드시 나오는 곳이 있어야 한다는 의미일 터이다. 그러니 물체가 빨려 들어간 입구가 있다면, 당연히 그것이 빠져 나오는 출구가 있어야 하는 것이다. 그 출구를 블랙(black)과 반대되는 용어 화이트(white)를 써서 화이트홀이라고 하자."

블랙홀과 화이트홀은 다시 한 번 인간의 상상력을 부채질했다.

"이쪽에는 물체가 빨려 들어가는 블랙홀, 저쪽에는 빠져 나오는 화이트홀이 존재한다면, 그 사이에는 반드시 통로가 있어야 할 것이다. 우주 공간에 뻥 뚫려 있을 그 통로는 벌레가 사과 속으로 기어들어가서 갉아먹으며 뚫어놓은 구멍과 다를 바 없을 터이다. 사과의 이쪽에서 저쪽으로 건너가는데 그 구멍을 지나면 시간을 상당히 절약할 수가 있다. 마찬가지로 우주 공간 어딘가에 있을 블랙홀과 화이트홀을 연결하는 그 길을 통과하면, 이쪽에서 저쪽으로의 우주 여행이 손쉬워질 것이다. 그 통로를 벌레구멍이라고 부르자."

우주 공간 어딘가에 벌레구멍이라고 하는 통로가 있어서, 그곳을 이용하면 우주 여행이 어렵지 않으리란 기발한 착상을 이렇게 한 것이다.

블랙홀이 발견됐다는 소식이 들려온다. 그렇다면 남은 건 화이트홀의 발견과 벌레구멍을 통한 우주 여행일 것이다.

이것이 요원한 꿈과 상상 속의 산물이 아니란 걸, 여러분이 하루 빨리 확인시켜주었으면 하는 마음 간절하다.

교과서 밖에서 배우는
재미있는 물리 상식

2001년 12월 21일 초판 인쇄
2003년 7월 30일 6쇄 인쇄
2003년 8월 4일 6쇄 발행

글쓴이 : 송 은 영
펴낸이 : 조 명 숙
펴낸곳 : 도서출판 맑은창

등록일자 : 2000년 1월 17일
등록번호 : 제 16-2083호

서울특별시 강남구 역삼동 810-16
전화 : (02) 555-9512
팩스 : (02) 553-9512

ⓒ 송은영 2001

값 7,000원